建筑沉思录书系

建筑哲思录

顾孟潮　著

中国建筑工业出版社

图书在版编目（CIP）数据

建筑哲思录／顾孟潮著. —北京：中国建筑工业出版
社，2019.12 （2022.3重印）
（建筑沉思录书系）
ISBN 978-7-112-24373-0

Ⅰ.①建… Ⅱ.①顾… Ⅲ.①建筑科学－研究Ⅳ.①TU

中国版本图书馆CIP数据核字（2019）第233345号

本书是建筑沉思录书系之一，主要是对钱学森建筑理论思想学习的记录。全书内容包括
建筑哲思篇、环境艺术篇、钱学森学篇及其他篇。
本书可供广大建筑师、城乡规划师、城市设计师、风景园林师、建筑理论工作者、建筑
文化爱好者等学习参考。

责任编辑：吴宇江　孙书妍
责任校对：张惠雯

建筑沉思录书系
建筑哲思录
顾孟潮　著
*
中国建筑工业出版社出版、发行（北京海淀三里河路9号）
各地新华书店、建筑书店经销
北京锋尚制版有限公司制版
北京中科印刷有限公司印刷
*
开本：787×960毫米　1／16　印张：10　字数：182千字
2020年1月第一版　　2022年2月第二次印刷
定价：**35.00**元
ISBN 978-7-112-24373-0
（34875）

总序：献给世界读书日

该丛书分四册：《建筑读思录》《建筑哲思录》《建筑学思录》《建筑品思录》，是要突显读、思、学、品这四个关键词。

四册内容各有侧重：《建筑读思录》为我进入古稀之年后的读写记录；《建筑哲思录》为我对钱学森建筑理论思想学习记录；《建筑学思录》则为我在《建筑学报》发表的一些小文结集；《建筑品思录》主要是应一些报刊撰写的专栏文字。

此书的初衷是想促使更多的读者朋友通过读书进入思想市场，让"思路管财路"——引导建筑经济市场走持续健康发展之路。

"读书少、调查研究思考少、对话少、创新实践少"是我国建筑行业和建筑科学技术学科长期徘徊不前的重要原因。

2014年，我参加了世界读书日活动，很震惊地发现，中国这个文明古国，如今已成为世界上平均每人读书最少的国家之一。而且，建筑界的科研机构之少在全国位于倒数第二。

鉴于建筑文化内涵的广泛性，建筑内外需要经常"充电"，要给自己扫盲，不能一直总钻在专业的井里，不知外面世界，建筑专业内外还有一个很大的知识海洋，作为建筑专业人员必须要给自己扫盲。

我们处于信息化时代！广泛汲取信息、提炼信息，将成为我们获取知识的主要方式。

我赞成这句话："要从世界的角度看中国，不能从中国的角度看世界，没有一个国家是能够拒绝国际现代文化的。"

顾孟潮

2015年正月初三于北京

代前言：是否可以建立一个大科学部门——建筑科学

钱学森

最近看了顾孟潮的论文（注：指"建筑哲学讲课内容"和《建筑学报》1996年第1期《信息·思维·创造》——空间环境设计创造思维特点与思维类型一文）和这本书（注：指台湾叶树源教授著《建筑与哲学观》一书）得到一些启发，建筑真正的基础要讲环境等等，这个观点要好好地学，思想才真正开阔。

现在建筑科学里面认为是基础理论的东西，实际上是我说的第二个层次的学问，属技术科学的层次，就是怎么样把基础理论应用到实际中去，即中间的过渡层次。现在建筑系的学生学的，重在技术和艺术技巧的运用，这是第三层次，实际工程技术层次了。

顾孟潮和叶树源讲的给我启发，建筑与人的关系，实际上是讲建筑科学技术的基础理论，即真正的建筑学。再进一步是把建筑科学提高到哲学概括到哲学，那就是我给叶树源教授信中说的，你到底是唯心主义，还是唯物主义？

真正的建筑哲学应该研究建筑与人、建筑与社会的关系。此前封建社会的皇帝，他对建筑是什么观点？显然，不可能和我们的观点相同，因为他是封建统治者。我在美国那么长时间，深知在美国那样的垄断资本主义国家里真正说了算的不是人民，而是大资本家。大资本家有自己的庄园，像皇帝宫殿花园一样。老百姓住的是什么建筑？即使是中产阶级，那也差多了。这种生活我是尝到过了，那时我当教授，和我爱人还要天天打扫卫生、做饭。至于穷人，那就不用说了，因为那是资本主义社会。它的建筑为的是资本家。中国科学院原来的书记张劲夫，后来当财政部长时，与美国有接触。有一次他到美国去访问，回来后对我说，这下我真知道美国是怎么回事了：有位大资本家请他去他住的庄园做客，把他介绍给自己的参谋班子——那才是美国的精英。他发现那些二把手、三把手都相当有水平，要是到政府任职，起码也能当部长，而一把手是不露面的，只出谋划策为他的老板服务，所以他们的建筑也是为这个制度服务的，而我们的建筑为的是人民，为人民服务。

另外，建筑是科学技术。开始是砖石结构、土石结构、砖木结构……现在是什么结构？科学是不断发展的。前几天看到《经济日报》上有文章讲"塑钢窗"。你们看，我的窗户是20世纪50年代建的，是木窗，现在有了塑钢窗、铝合金窗等等，将来科学技术发展了，还会有更新的材料。建筑与科学技术是密切相关的。

各位考虑，我们是不是可以建立一门科学，就是真正的建筑科学，它要包括的第一层次是真正的建筑科学，第二层次是建筑技术性理论包括城市学，然后第三层次是工程技术包括城市规划。三个层次，最后是哲学的概括。这一大部门学问是把艺术和科学揉在一起的，建筑是科学的艺术，也是艺术的科学。所以搞建筑是了不起的，这是伟大的任务。我们中国人要把这个搞清楚了，也是对人类的贡献。我们有五千年的文明史，一定要用历史的观点看问题，要看到人与人需要的建筑，建立一个大科学部门，不只是一两门学科。这么看来，我原来建议建立十大部门，现在是十一大部门了。这些部门请大家考虑。

——引自钱学森：《哲学·建筑·民主——钱学森会见鲍世行、顾孟潮、吴小亚时讲的一些意见》一文。全文详见顾孟潮编《钱学森论建筑科学》（第二版）第3-6页，中国建筑工业出版社2014年11月出版

目　录

1 / 建筑哲思篇 /

Chapter 1
/ 建筑哲思篇 /

我的建筑哲学思考之路

——《建筑哲学概论》自序

探寻建筑哲学真谛之路是没有止境的。

《建筑哲学概论》是我力图从哲学层次对建筑本质进行的认知。

在审理这册书稿时，我回顾了自己漫长的建筑哲学思考过程，它是与我同样漫长的建筑职业道路相伴相随的。建筑是一个开放的复杂巨系统，其内容博大精深，并兼有自然科学和社会科学的双重性质，探寻建筑哲学真谛之路就更为艰难曲折了。

建筑师的事业是我从小就神往的事业！

什么是建筑的本质？

建筑在人类文化中的价值是什么？

怎样才能成为成功的建筑师？

这些是我一生都在思考的问题。

我曾在1965年4月22日《人民日报》看到一篇建筑评论文章，题目是"正确的设计思想从实践中来"，这是一篇推动我思考建筑设计革命的哲学命题，也是推动我探索建筑哲学奥秘的发端。

我认定《华沙宣言》的观念是当代建筑学界的"巨人的肩膀"。我读到第14届世界建筑师大会《华沙宣言》时，感到它像一盏明灯照亮了我的建筑哲学思考之路。

《华沙宣言》用"建筑学是为人类创造生存空间环境的科学和艺术"这样的语言，为建筑学作了科学准确的定位。

站在"巨人的肩膀"上，我对自己以前学习过思考过的建筑理论，包括维特鲁威的"建筑要实用、坚固、美观"的理论，歌德的"建筑是凝固的音乐"的理论，勒·柯布西耶"住宅是住人的机器"的理论，布鲁诺·赛维"空间是建筑的主角"理论等等，进行了重新的思考，力图从建筑哲学的高度认知它们、理解它们。

　　之后，我开始撰写"建筑哲学概论"讲稿，并在几所高等院校开设建筑哲学课。思考是不会停顿的，近年我一直在思考生态建筑学和建筑生态学的问题。我想未来的世纪是否属于生态建筑学时代？

——原载《重庆建筑》2011年第11期

钱学森建筑哲学理论研究

> 我作为一名科技工作者，活着的目的就是为人民服务。如果人民最后对我一生所做的工作表示满意的话，那才是最高的奖赏。

> ——钱学森

在这篇研究系列文章中，将重点探讨钱学森建筑哲学理论。

建筑哲学理论是建筑科学的最高台阶。关于"最高台阶"的说法，钱学森曾有一段很有味道的议论。

那是在1993年元宵节国内举办的科学家和文学艺术家的联谊会上，钱学森在元宵节寄语中谈到"最高台阶"时说："最高的台阶是表达哲理的，是陈述世界观的"，是"重要的文学艺术"。并以宋代女诗人李清照《夏日绝句》的诗句"生当作人杰，死亦为鬼雄，至今思项羽，不肯过江东"为例，说明"在这四句中也有她的人生观、宇宙观"，"最高台阶"是"诗词里面就有的嘛"。

谈到钱学森的建筑哲学思想，我想从他十几年前写给我的一封信说起。

1994年10月前后，我将拙文《关于城镇规划与建设优化的思考》寄给了钱学森先生，希望钱老能给予指点。拙文中我简略地分析了古代思想家老子对哲学的思考，又谈到当时分管建设的万里委员长对中国城市建设史的反思。文中表达了对钱学森城市建筑文化思想的赞赏，也写了自己对中国城市建设的一些看法。

文中引用了老子的话："知人者智，自知者明，胜人者有力，胜己者强"（见老子《道德经》第33章，安徽人民出版社，1990年版，93页）。我认为，生于两千多年前的思想家老子的这些哲学思想，可以被今天我们的城市规划者与城市建设实践者借鉴。从事城市规划与建设同其他事情一样，也要知人、知己、胜人、胜己。有些人工作水平之所以不高，甚至还会出现失误，常常就是因为在这四个环节的某一环节上出了问题。

万里对新中国城市建设的分析也十分中肯，万里认为，新中国城市建设曲折历史过程的出现与我们缺乏对城市的性质、规律的正确认识有关。他说："1949年全国解放，我们进了城，但当时不知道怎样管理城市……经过十几年的学习和研究，我们对城市的建设有了点头绪，正在想把老城市改建研究一下，把现代化城市建设问题，包括供热问题，环境生态平衡问题解决一下，但是，'文化大革命'来了……我们落后了。"万里强调："城市科学研究工作非常重要，希望科学工作者和领导者高度重视。"

钱学森对怎样解决中国建筑文化道路问题提出了看法，他说："1978年到现在，我国建筑界真的找到了我国要走的中国新时期建筑文化道路吗？我看似乎还在求索之中……贝聿铭先生关于中国未来建筑道路指出：'应走中国的路，与欧美不同。如高层建筑要到美国去看，而基本的东西要看中国习惯、生活。'这是完全正确的。"对什么是新时期中国建筑应有的特征他有自己的看法，他说："什么是新时期中国建筑应有的特征？香港建筑师李允鉌认为中国建筑精神（即华夏意匠）表现在群体之中，没有群体，中国建筑将失去异彩。我很同意，我的'山水城市'就有此意。"

以上是拙文中的主要观点。

钱学森于1994年11月就这封信亲笔给我回了信，在信中他不仅肯定了我的一些想法，而且还高屋建瓴地向我指明："您谈的实是建筑哲学问题。"他的点拨使我深受震动。

此后的十多年中，在钱学森的鼓励下我兼任了大学建筑系的建筑哲学课教学工作，边学边教，受益匪浅。当然，比之钱学森博大精深的建筑哲学理论思想，我的学习和研究是极其肤浅的，但这些对我本人在建筑哲学思想上的升华却是至关重要的。

在学习中，我体会到钱学森的建筑哲学思想有几个基本概念是必须要搞清楚的。

一、为什么要研究建筑哲学？

搞清这个问题，就会知道研究建筑哲学的重要性和必要性，这也是学习建筑哲学的动力。

现在还有相当一部分人，认为有没有建筑哲学无所谓，他们只在建筑应用技术的范围里打转转，只看重一些技术细节，而看不到建筑的环境本质，满足于只知其一，不知其二，更谈不到建立科学的建筑观宇宙观。因此，多年来建筑业发展缓慢，出现了为数众多的建筑垃圾，建筑实践缺乏科学的评价标准，建筑评论也经常停留在众说纷纭之中，水平上不去。

可以看到，钱学森呼吁重视建筑哲学的建议是十分重要的和及时的。钱学森对这个问题从现代科学技术体系的角度有过许多的论述。他强调，"要坚定不移地用马克思主义哲学指导我们的工作"（见《哲学·建筑·民主——1996年钱学森会见建筑界人士时讲的一些意见》，载于《中国建设报》2006年11月24日），他具体提出"我国规划师、建筑师要学习哲学、唯物论、辩证法，要研究科学的方法论"。

钱学森认为，马克思主义是人类科学知识的最高概括，每个科学部门都必须用马克思主义哲学作指导。他指出，从这些科学部门到马克思主义哲学之间都应有各自的桥梁，什么是桥梁呢？他解释道："桥梁就是核心结构下面更基础的、联系各部门科学技术的更直接的那一部分。整个桥梁加核心都是马克思主义哲学，就是马克思主义哲学本身也是有结构的，有层次的。"

钱学森认为，建筑哲学就是建筑科学通向马克思主义哲学的桥梁，它是马克思主义哲学下面更基础的、联系建筑科学技术部门的"更直接的那一部分"，他同时认为，建筑哲学是马克思主义的哲学大厦的组成部分，也就因此，建筑哲学是建筑科学的领头学科。

钱学森建议我国高等院校的建筑学专业开设建筑哲学课，用建筑哲学指导建筑科学是用马克思主义哲学指导建筑科学发展的必由之路。

二、什么是建筑哲学？

钱学森为建筑哲学定位，他认为建筑哲学是建筑科学的领头学科，是建筑科学技术体系中最高的哲学概括和最高的台阶。

从钱学森的现代科学技术体系构想图中可以看得很清楚，他把建筑哲学与军事哲学、地理哲学、数学哲学、自然辩证法、唯物史观并列在同一高度，表明了建筑哲学与建筑科学的相对关系。又把建筑哲学横向定位于美学和人学之间，表明了建筑哲学既是科学技术哲学，又是社会哲学、艺术哲学的性质。

建筑哲学的具体内容是什么呢？它是指人对建筑本质的认识、人对建筑的价值取向以及建筑的科学方法论等内容，由此我们可以感觉到建筑哲学绝不是简单的教条，它的内容是十分丰富与深刻的。

建筑哲学的观念是发展变化的，是不断深化的。建筑之树的根本来就生长在地理、气象、宗教、社会、历史、文化的沃土之中。然而，这一点却在现实中往往被许多从事建筑业的人士忘记了，把建筑简单化、庸俗化了，有人甚至把建筑简化为"玻璃与钢的构成"。

20世纪以来历次世界建筑师大会发布的宣言、宪章、纲领等，都是对建筑现状与建筑未来的高层次的哲学思考。

三、建筑科学层次的划分也是建筑哲学的内容

钱学森说，现实中不能纳入现代科学技术体系的知识很多，具体来说，一切从实际总结出来的经验，即经过整理的材料，都属于这一大类。钱学森将它们称之为"前科学"，说它们是有待进入科学技术体系的知识。

钱学森在谈到它们的作用时说："人认识客观世界的过程是：实践—前科学—科学技术体系。所以我们决不能轻视前科学（经验科学），没有它就没有科学的进步。但也决不能满足于经验总结出来的科学而沾沾自喜，看不到科学技术体系还要改造和深化，因此，要研究如何使前科学进入科学技术体系。"

他的这番话对我们认识建筑科学现状的层次结构具有启示作用。

对照钱学森的分析，我们会发现我国建筑科学领域以及建筑业基础理论和技术科学之匮乏，它们主要依靠的是一些"前科学"的东西在做工作，有些已经成为我们前进中的主要障碍。我这样说一点也没有轻视应用工程技术的意思，而是说目前亟须把建筑业"前科学"的东西提升到建筑技术科学、建筑基础理论乃至建筑哲学的高度。

建筑科学和建筑业必须改变过去以工程项目和建筑设计（包括城市规划）为中心的思路与做法。工程项目和建筑设计主要是操作性内容，关键是要加强对建筑理论与建筑决策科学性的层面的思考。

四、宏观建筑与微观建筑的概念是建筑科学思想的深化与升华

钱学森说："我近日想到一个问题，如何把建筑和城市科学统归于我们所说的'建筑科学'，我建议将城市科学改称为宏观建筑，而现在通称的建筑是微观建筑。"

理顺建筑科学内部林立的兄弟学科之间的关系有利于建筑学科整体的发展，这个决心是早晚要下的，早下比晚下强。我们有不少好的建筑却难得有好的城市，也说明城市与建筑学科之间确有联合的必要。

回顾建筑历史，每一个时代都有其代表性的建筑哲学。钱学森关于建筑科学的思考是当代的建筑哲学思考，它代表了当代水平的建筑哲学思想和理论。作为建筑工作者，我们不可以等闲视之。

——原载《建筑哲学概论》第221—223页

关于建筑与哲学观的通信

此信请顾孟潮教授转送叶树源教授。

叶树源教授：

我非常感谢您惠寄《建筑与哲学观》，我读后深受启示！我又是建筑科学技术的外行人，现在下面讲些读后所思，向您请教：

（一）我想尊作实论的是阐明了建筑是什么，建筑与人的关系，建筑空间所应具备的效果也界定了。因此我以为这是建筑的哲学观，不如说此书是讲建筑科学技术的基础理论真正的建筑学。

接受对现代科学技术本身的理解，这是基础理论层次的学问。

（二）在基础理论层次下面的一个层次是技术性的研究，即工程技术所需要的直接指导性学问，

在建筑科学技术部门这就是现在人们级为"建筑学"的学问，以及城市科学。

（三）在建筑科学技术部门再下一个层次的，第三层次的学问，那就是设计构造具体的建筑了，即建筑设计。

（四）在建筑科学技术部门，除了三个层次的学问外，还应该有总的概括，对建筑用什么指导思想，唯心主义？唯物主义？辩证唯物主义？历史唯心主义？历史唯物主义？这问学问才是真正的建筑哲学。

以上是我这个外行人胡说的，请教！

此致

敬礼！

钱学森
1996.5.7

顾孟潮同志：

您4月29日信和叶树源①教授的书（《建筑与哲学观》）都收到。我非常高兴地知道您在东南大学的讲课很成功！

遵嘱写了封致叶树源教授的信，现附呈请审阅。如您认为可以，就请您转寄叶教授。麻烦您了。

此致

　　敬礼！

钱学森
1996年5月7日

注释：

①叶树源，1914年生于福州，毕业于中央大学建筑系，教授，1997年在台湾逝世。

附：顾孟潮1996年4月29日信

尊敬的钱老：

您好！首先祝您节日好！

这里汇报一下，我在您指导下于东南大学建筑系开设建筑哲学课的简单情况。东南大学校领导、系领导十分重视您关于我国高等建筑院校要开建筑哲学课的想法。为此4月25日还专门举行了由何立权副校长授予我"东南大学兼职教授"的仪式，并在讲课这一周由建筑系建筑历史和理论教研室的朱光亚教授协助我，因此开课很顺利，4月22-26日，专门安排了一周开建筑哲学课的时间，作为研究生选修课。

同学们报名学建筑哲学很踊跃，原计划20人左右，最后只好限在35人。学习的热情很高，每次听课者达七八十人，教室座无虚席。晚间7-9时讨论时，直到9时半同学们还不愿意散去。这说明开这门课程是必要的、及时的，已受到了普遍的欢迎。而且有几个学校老师听说我开此课后，也纷纷要求我去他们学校讲建筑哲学。我采取专题讲座，结合对话讨论，留论文作业的方法。这次先后讲了导论篇、价值篇、例说篇和纪念性建筑，拟下次安排本体篇、方法篇、文献篇及工业建筑四讲。待晚些时候我再将建筑哲学讲稿送您指正。

这次发信同时，给您寄了一本叶树源老先生著的《建筑与哲学观》一书。叶树源老先生1914年生于福州，毕业于中央大学建筑系，与张镈、刘光华等先生为前后期同学（详见闫亚宁写的简况），后献身于台湾建筑教育事业。该书为他的设计实践与教学经验的荟集，对我开设建筑哲学课颇有启发，加之叶先生本人热心祖国建筑教育，又得知您对建筑哲学的重要性十分关心，甚为感动。他决定将其书版权献给母校，能对故土与师长有所回馈。而且他向东南大学建筑系主任王国梁教授表达了希望钱老您能对他的书给予指示一二，写几句话，可否？托我转请教您。鉴于叶老的诚恳和热心海峡两岸建筑文化交流的背景，特向您请示采取何种方式，可否对叶树源先生的恳请作某些表示。此意当否，请您指正。

　　致

　　敬礼！

顾孟潮

1996年4月29日

叶树源教授：

我非常感谢您赐尊著《建筑与哲学观》，我读后深受启示！我只是建筑科学技术的外行人，现讲点读后所思，向您请教：

（1）我想尊作实际是阐明了建筑是什么、建筑与人的关系，对建筑空间所应具备的效果也界定了。因此与其说是建筑的哲学观，不如说此书是讲建筑科学技术的基础理论，真正的建筑学。按我对现代科学技术体系的理解，这是基础理论层次的学问。

（2）在基础理论层次下面的一个层次是技术性的科学，即工程技术所需要的直接指导性学问。在建筑科学技术部门，这就是现在人们称为"建筑学"的学问，以及城市科学等。

（3）在建筑科学技术部门再下一个层次的、第三层次的学问，那就是设计构造具体的建筑了，即建筑设计。

（4）在建筑科学技术部门，除了这三个层次的学问外，还应该有个总的概括：对建筑用什么指导思想，唯心主义？唯物主义？辩证唯物主义？历史唯心主义？历史唯物主义？

这门学问才是真正的建筑哲学。

此致

敬礼！

钱学森

1996年5月7日

注释：

①此信系对叶树源教授生前愿望的答复。信中钱学森提出"什么才是真正的建筑哲学"，认为建筑哲学是对三个层次的总概括，是建筑的指导思想。

——原载《重庆建筑》2013年06期

三个金字塔的启示

如今，处于互联网时代，信息不管正误对错，瞬时间便可以传达到几亿网民的手机和信箱中，机遇与风险同在。因此"互联网+"的问题必须正视，我们到底要加什么？马斯洛的需求层次理论塔现已成为很多人心目中人生奋斗的路线图。

特别是从事建筑事业的朋友中，如果有把建筑工程项目看作自己树立个人丰碑的机会，逐步达到"自我实现"的目的现象，出现这种效果是完全违反了人本主义心理学家马斯洛原意——激励人们不断提升个人素质和品位目标的，反而使该金字塔竟成为促使自己变成"精致的个人主义"的推进器。网上讨论马斯洛需求层次理论塔的应用价值的文章不少，层次塔的画法也很多，但深入分析其误导作用的不多。笔者写此短文，目的在于交流，"马塔"是否需要要加点什么？

一、马斯洛的需求层次理论金字塔

美国人本主义心理学家马斯洛（1908—1970年）1943年发表从激励人上进的角度切入的论文，研究人们的心理需求，原来只有五个层次，1954年增加了求知需求和审美需求，成为七个层次的马斯洛需求层次理论金字塔（下简称"马塔"），该塔如今已产生了深远影响（包括正面和负面的影响），成为社会上关注和讨论的热点之一。几乎成为每个有成功梦的人人生奋斗的路线图与驱动力。同时也是建筑心理学经常引用的重要理论根据。

其实，马斯洛本人早在20世纪60年代已经发现该金字塔的缺憾，即不应仅从个人心理思维的角度论述人的需求，需要补充社会心理思维需求（集体心理思维需求）的内容。但马斯洛生前未能完成这一增补工作，造成了此金字塔"带病"工作的负面影响。

钱理群教授指出的"精致的利己主义者"在很大程度上便受了此金字塔的误导。可以设想，如果作为为广泛的社会对象服务的建筑师，只是一味追求"自我实现"需求，把建筑设计作为满足个人需求，那又是一个什么情景？

二、冯友兰先生的人生四境界塔

冯友兰先生总结的人生四个境界塔（下简称"冯塔"）对"马塔"在某种层面和意义上，是极为重要的补充。冯先生认为：

第一境界是自然境界。在自然境界中，万物皆应顺应自然，切不要因为自己的意念而刻意强求，那样很可能适得其反，与原定目标背道而驰。只有顺应万事万物的自然发展规律，反而得到意想不到的收获。

第二境界是功利境界。在功利境界中，人类有了初步觉醒，知道了自己想要什么、自己的最终目标，那么他所有的一切皆是围绕这个目标而展开进行。如果失去了这个目标，就可能出现另一个目标，在这个境界层面上，人类有了功利之心。

第三个境界是道德境界。道德境界起到对第二境界的约束作用。虽然有了功利之心，但他的意识中，仍然有对错之分，仍然有可为和不可为的区别。正是基于这样一个道德尺度，人们会在道德的范围内去找寻目标，并且开展合乎道德的行为去完成目标。

第四境界是天地境界。这是最后一个境界，也是最大的一个境界。除却对自身、对社会、对道德层面的认识，人类的视野将随之更为广阔，在这个境界中，人类将围绕这个宇宙开展顺应宇宙的发展行为。

冯友兰先生的四个境界是层层相扣的，逐层递进的，只有完成了上一个境界，才能开展下一个境界，如果四个境界全部能达到，那么可以成为圣贤之人也。

三、顾孟潮的信息塔

顾孟潮于20世纪80年代提出了信息金字塔（下简称"顾塔"）。"顾塔"对于深入理解"马塔"传达的信息属性和特征也会有所裨益。

顾塔的理论与实践价值在于，它体现了信息的属性、分类和各类信息定性定位的本质特征，同时显示了各类信息相互关联和逐层提升的动态关系，它能促使人们根据自身信息库的需要，选择相应的信息对策，既不会陷入信息海洋中不能自救，也不会陷入信息孤岛上不能自拔，能针对需要选择相应的理论信息指导自己的实践活动。

将这三个塔作比较分析时会发现三者的同构性。它们都是据同样的思路从塔底到塔顶做从低层次到高层次的分析判断，看到各层之间相互关联提升的关系，而且三者有相互补充的关系，区别在于解读的对象不同：马塔解读的是个人需求层次；冯塔解读的是人生境界的层次；顾塔解读的是信息的属性和特征。

　　相互借鉴三个塔，有助于克服各塔自身的局限性。如前所述，冯塔使人走出个人的圈子，大大扩展了个人的视野和思维空间；借鉴顾塔有助于判断分析马塔和冯塔各层次信息的属性和特征。明确自身的信息需求，有目的、有方向地把感性认识、经验性认识提高到概念的形成和理论的建构上，解决相应的模式化、技术操作、生产等问题，加速理论——实践——理论的螺旋上升过程，将失败——成功——失败——成功的周期大大缩短，从而不断提升社会人的生活、工作、学习、娱乐、休息的质量和水平。

　　总之，关注三个塔比只钻入一个塔要好得多，可以兼得三个塔所特有的理论和实践价值，减少钻入一个塔而忽视其负面影响的现象。

——原载《鞍山科普》2017年第3期

怀疑和批判是建筑评论创新的灵魂

一

关于建筑评论，建筑界内外众说纷纭。下面试举八种比较有影响的说法进行评论。

（1）一个艺术品是评论者创造的起点。评论与现实的距离比艺术品离现实的距离更远，这种说法忽视了评论与现实的距离常常比艺术品更近而不是更远的事实，现实是艺术品作者和评论者共同的创造起点，要创作必须先进行评论，包括评论现实和评论已有的艺术品。

（2）建筑评论是由建筑理论、建筑历史及建筑评论三者相互影响与相互制约的关系所决定的，这种说法把评论内容简单化、狭隘化了。评论首先是社会现实的普遍需求，把评论只局限在理论、历史和评论三者之间，往往会将评论变成少数评论家几个人的事情。

（3）建筑评论是建筑理论的一个组成部分，这种说法只讲到了建筑评论的理论属性一面，建筑评论属性的另一面是它的实践性，它也是运用已有的理论和经验评论对象、提升对象的一种社会实践。

（4）批评是一种思想行为的模仿性重复，这种说法是与第一种说法的观点类似，已做评述。

（5）建筑史本身就是一种建筑批评，这种说法指出了批评的历史作用，而未指出评论干预实践、推动实践前进的现实作用，更为重要的是现在进行时的建筑评论。

（6）建筑是凝固的音乐，这种说法只是一种比喻，而不是建筑的科学定义。

（7）每个人都是建筑评论者，有评论的权利。这句话只说对了后半句，每个人都可以评说建筑，但并非这些评说都可称为建筑评论，科学的建筑评论要求评论者要有相应的理论、经验、知识积累。

（8）20世纪是评论的世纪。评论是永久的需要和永久的存在，从这个意义上讲，任何一个世纪都是"评论的世纪"。

二

建筑评论是什么？在此姑且做广义的解释。

建筑评论的内容丰富而复杂，它可以是对某个建筑做出的价值判断，可以是对建筑赖以存在的社会与环境的批评与分析，也可以是对建筑师的创作思想与过程，或者是对其设计手法、使用效果、经济效益等做出的局部鉴定与评价。

2002年，马里奥·博塔，这位当代著名的现代主义理性建筑大师，从瑞士来到中国，他徜徉在北京壮丽的故宫建筑群里，对身边的中国建筑师说了这样一句话"你们没有必要生搬西方的东西，只要把故宫研究透就够了。你看，故宫只有两三种色彩，两三种建筑材料，就是用这么简单的东西就营造出如此震撼人心的建筑环境！"

马里奥·博塔的这番话便是言简意赅的建筑评论。

建筑评论是一门中间性、中介性十分强的学科，它既是有极强理论性的理论活动，又是有极强实践性、针对性的实践活动；它是沟通理论和实践、业内和业外、业主和建筑师的纽带，也是提升自己实践水平、思维水平的中介环节。

简而言之，建筑评论是对建筑对象（作品、人物、事件、现象、过程等）进行全面系统分析后，做出的判断、区别、评价、科学分析、概括和总结。

三

建筑评论的最终目标是创新。怀疑和批判是建筑评论创新的灵魂。这两句话可分三层加以说明。

第一层，科学性是建筑评论创新的基础。建筑是科学，因此建筑评论是探索建筑科学的理论与实践，因此建筑评论是建筑学科和建筑事业发展通向求真知的科学，但建筑和建筑评论的科学性至今并不为建筑界内外所认识和重视，可见在建筑界求真知难。

目前我国的建筑评论理性不足，感性较多，随意性较多，远远未能发挥建筑评论应有的明是非、辨真伪、求真知的作用，建筑评论无论在数量上还是质量上都存在着不少亟待解决的问题。社会上大量存在的叫卖式的、宣传广告式的、炒作式的建筑评论，常常对城市建设、建筑设计、建筑创作产生误导作用，使一些不应入选立项的项目入选、开工，甚至获奖，造成决策失误。

建筑评论必须真正贯彻科学精神才能有生命力，而科学精神的实质，至少应当包括以下几个要素：评论的依据要客观，评论的怀疑要理性，评论的思考要多元，评论的争论要平等，评论的环境要宽松，评论的结论要通过实践检验。只有贯彻这些科学精神，建筑评论才能生存和发展。

第二层，怀疑和批判是建筑评论创新的灵魂。笔者赞同英国著名哲人科学家皮尔逊（1857—1936年）的观点"通向知识和最终确信的唯一真实道路是怀疑和怀疑论。"

皮尔逊这番话把怀疑和批判的意义讲得十分深刻，是的，怀疑和批判是通向知识和最终确信的唯一真实道路，我们只有登上怀疑和批判这个通向科学探索的第一个阶梯，才能走上通向知识和最终确信的唯一真实道路。

同样，对于建立建筑科学、建筑作品和建筑人物的确信，形成正确的舆论导向的建筑评论，也必须从怀疑和批判开始。

为了使人们对建筑建立科学理性的确信，建筑评论必须贯彻理性怀疑与批判的精神，对评论的对象加以质疑和批判。否则建筑评论便会步入轻信与盲从的误区，出现错误的评论导向。评论最忌轻信与盲从，轻信与盲从是反理性的无知的表现。

在建筑界，轻信与盲从常常表现为教条主义和崇洋思想。我国建筑事业发展缓慢与此有密切关系。无论是在新中国成立初期一些人不加分析批判地搬用苏联模式，还是改革开放初期一些人又不加分析地搬用欧美模式，他们的思想毛病都是一样的。20世纪50年代，有些人曾片面提倡"社会主义现实主义"的创作方法，搞所谓"社会主义内容民族形式"的建筑，把"大屋顶"当做民族形式的唯一表现手法等等，20世纪80~90年代又生搬硬套方盒子、现代主义、后现代主义、解构主义等建筑手法。这些都大大压抑了有生命力的、有中国特色的本土模式的成长，盲目建了许多今天看来只能称为建筑垃圾的东西。历史证明，这种生搬、照抄、摹仿的道路是行不通的。

第三层，建筑评论是通向建筑创新之路。建筑评论的怀疑—批判—判断的全过程，其目的就在于促进创新、启迪创新。破与立、批判与创新是一对孪生弟兄，建筑评论中的怀疑与批判是建筑创新的先导，从创新的角度去理解和把握怀疑与批判，我们才能认识到它们是建筑评论创新的灵魂。从另一个角度说，既然任何一个建筑评论都是一种求异行为，它必须创造性地表明赞成什么，反对什么，这种赞成与反对的思考就是会有风险的。

中外建筑史上不乏这样的实例：卢斯这位欧洲新工艺美术运动的代言人，曾高呼"装饰就是罪恶"的怀疑与批判口号向折衷主义宣战，现代主义建筑旗手柯布西耶曾呼吁"向飞机轮船学习"，"不是住宅就是革命"，高擎现代主义大旗把现代建筑理念带给世界，后现代主义的精英则有时间、有地点地宣布"1971年×时×地现代主义建筑已经死亡了"……这一切表明，每一次充满科学精神的怀疑和批判，都会把人们的建筑价值观念提升到一个新的高度，都会补充和发展前人的认识。

科学的建筑评论者还应当具有这样的品质——理解城市、理解生活、承认建筑与规划是一门科学。

著名建筑师贝聿铭曾因他的两位业主对他的评论不同，从而导致他设计上的一失一得。1971年，贝聿铭参加了法国巴黎德芳斯新区尽端规划设计，为了与巴黎的凯旋门遥相呼应，他沿主轴线做了一个中间为"U"和"V"形开口的孪生双塔方案，贝聿铭的创新设计没有被当时的业主赏识，未被采纳。直到今天，仍有不少人为此方案未被实施而痛惜。10年后的1981年，密特朗当选为法国总统，他支持和保护贝聿铭创造性地设计出卢浮宫广场上的玻璃金字塔入口和卢浮宫的地下扩建工程，使其当之无愧地成为巴黎最宝贵的杰作，贝聿铭称密特朗总统这样的业主为"伟大的业主"。

可以看出，建筑评论对于建筑创新的作用极大。合格的建筑评论者面对有所创新的建筑评论对象时，他一定是鼓励创新，而不是压制创新，鼓励创新是建筑评论者最难能可贵的品质。可以说，一个建筑评论者能否鼓励创新，是其建筑评论水平高低的试金石。

需要强调的是，科学的建筑评论是建筑创新的舆论环境与保护神。特别是专业性建筑评论更具有说服力，它通过对创新作品的解读和宣传，使人们理解和接受作品的创新之处。1956年，著名的悉尼歌剧院设计草图险些遭到遗弃，是被建筑大师沙里宁从废纸篓里捡回来的，但悉尼歌剧院现已成为超越时代的建筑杰作，它的设计者伍重在85岁高龄时荣获普利兹克建筑奖。这又一次证明，建筑评论对于保护创新、支持创新有多么重要，又是多么艰难。

——原载《新建筑论坛》2004年第2期

伊东丰雄的建筑艺术哲学

2013年3月18日，普利兹克建筑奖暨凯悦基金会主席汤姆士·普利兹克宣布，日本建筑师伊东丰雄荣获2013年普利兹克建筑奖。

获奖评审团认为："伊东丰雄在其职业生涯（1941年生，1971年成立工作室）当中，创作了一系列将概念创新与建造精美相结合的建筑。""研究过伊东丰雄作品的人都会发现，其作品不仅涵盖不同的使用功能，而且，还蕴含着丰富的建筑语言。他的建筑形式既不依从于极简主义也不追随参数化设计。"这里有三个关键词值得注意，即"概念创新""不依从于极简主义""不追随参数化设计"，这是伊东丰雄建筑艺术哲学理念的关键。他概念创新的核心是追求建筑的生态性，这抓住了时代的精神和物质需求。

伊东丰雄对于21世纪世界建筑发展趋势有着深刻的思考。他认为21世纪建筑不应该是冷冰冰的机器，而是融于自然和社会的。他说："20世纪的建筑是作为独立的机能体存在的，就像一部机器，它几乎与自然脱离，独立发挥着功能，而不考虑与周围环境的协调；但到21世纪，人、建筑都需要与自然环境建立一种连续性，不仅是节能的，还是生态的，能与社会相协调的。"伊东丰雄这种生态建筑艺术哲学观，具体体现在他的设计思路和设计手法上追求"三性"：建筑的临时性、功能的模糊性以及与自然的融合性。

一、建筑的临时性

伊东丰雄说："我认为我的建筑没有必要存在100年或者更长的时间。在我设计某个项目时，我只是关心它在该时期或其后20年做何用。极有可能，随着建筑材料以及建筑技术的进一步更新发展或者是经济及社会条件的变化，在其竣工之后，就根本没有人需要它了。"为了应对市场需求多元、变化迅速的特点，伊东丰雄的建筑普遍采用简单环保的结构、灵活简洁的支撑体，使其建筑节约了大量的能源、资源、投资，并且艺术形式丰富多彩，给人"轻盈""流动""临时性"的感受，对于类似处于地震多发地带的日本文化精神和物质需求是十分相宜的。对于使用频率很低的仪典类用途的主席台、观礼台等建筑，同样应当考虑其临时性，不宜动辄建成永久性建筑。

二、功能的模糊性

大到城市小到建筑都是供人们使用的容器。具体的城市或建筑的功能随着社会的发展变化越来越复杂和越来越多样，而且常常一天就有几变。现在酒店里的多功能厅就是典型实例，上午是会议厅，中午是餐厅，晚上可能是表演厅、舞厅……

正如伊东认为的，当代城市空间是不停流动和生长的，城市环境不停变化。建筑师要在这种不断变化的"流动"的社会关系中创造一个包含持久物质的建筑作品。所谓的持久性正是关于建筑的模糊性，它是指同一个建筑可以给人们提供各种不同的活动，这正是现代社会迫切需要的。一方面，我们可以避免建造过多的建筑，以造成经济和土地的浪费；另一方面，我们可以在同一个建筑中实现更多的功能需求，有效地提高舒适性和便利性。

伊东丰雄的看法和思路与我们曾经提倡过的让单位礼堂、运动场、图书馆等设施对社会对市民开放是同样的道理。现在大城市停车这么难，如果单位大院的停车场、车库，在节假日和晚上能够对社会和市民开放，那将减少多少停车占地、占路现象啊！

三、自然的融合性

为了提高建筑的生态性，伊东丰雄非常注意建筑与自然协调统一，设计中将建筑融于周边环境。如，他为西班牙托雷维耶哈休闲公园的设计是依照沙滩的走势，设计了三个贝壳状的螺旋形休闲场地，这种波浪式的伸展流动，将光、沙子、树和植物与一个轻盈的建筑结合起来，在自然和建筑之间达到完美的平衡。建筑尽量用了少的设计、流畅的造型以及非传统的结构模糊了室内外界限。而且有人们在不经意的行走中还能上升到屋面的福冈岛城中央公园，几乎感觉不到建筑的存在，建筑完全以一种谦卑的姿态隐于自然，融于自然。

这种似有若无的设计手法，表明设计师生态建筑艺术哲学达到以人为本、以自然为朋的境界。

——原载《重庆建筑》2013年04期

关于《陋室铭》及台湾的叶树源先生

《陋室铭》是我国唐代大诗人刘禹锡（772—842年）的一篇千古名作。

《陋室铭》全文仅81个字：山不在高，有仙则名，水不在深，有龙则灵。斯是陋室，惟吾德馨。苔痕上阶绿，草色入帘青。谈笑有鸿儒，往来无白丁。可以调素琴，阅金经，无丝竹之乱耳，无案牍之劳形。南阳诸葛庐，西蜀子云亭。孔子曰：何陋之有。

1976年，时任台湾成功大学教授的叶树源先生（1914—1997年）独具慧眼用中国古人的建筑观和生活方式对《陋室铭》作了建筑解读，颇有深意。后来，叶先生将此文收入其学术专著《建筑与哲学观》（世峰出版社1983年出版）。今年是该书在台湾出版30周年，2014年是叶老百年华诞，睹书思人，遂撰此文。

叶树源先生1914年生于福州，毕业于中央大学建筑系，与张镈、刘光华等建筑界前辈为前后期同学。关于叶树源教授及他的学术著作，还有这样一些令人感叹的往事。1996年4月，当他得知钱学森先生对建筑哲学十分重视，甚为感动，决定将其《建筑与哲学观》一书的版权献给母校东南大学。

而我当时正在东南大学做建筑哲学系列讲座，鉴于叶树源教授关心海峡两岸建筑文化交流的背景，原本从不为任何人的书题字写序的钱老，破例于1996年5月7日，书写了致叶树源教授的信函（详见拙著《钱学森建筑科学思想探微》中国建筑工业出版社2009年5月出版，第209页），并评价此书说："我读后深受启示！"

叶树源先生关于《陋室铭》的建筑解读一文的原题目是《从"陋室铭"看我国古人的建筑观》（原载《成功大学学报》1976年5月）。

其要点有三条：

（1）"山不在高""水不在深"，是指基地和居住环境的重要。

（2）对"陋室"的描写包括庭园与房屋的一气呵成，说出了建筑与人的关系，成为一个整体的生活环境，建筑必须适合人的生活要求。

（3）以诸葛庐、子云亭为例，对不同的建筑物给予评价，强调：我这样的人，住这样的住宅，配我的身份，合我的需要，这不是很好吗——何陋之有？

当代建筑观的"建筑学是为人类创造生存空间的科学和艺术"的提法，是1981年第14届世界建筑师大会上的《华沙宣言》首次提出来的。那是集全世界建筑精英才形成的学术见地，而1100多年前的《陋室铭》，仅用81个字，就已对环境建筑观有生动真实的写照！而叶先生的解读又是在《华沙宣言》发表的5年前。叶先生对《陋室铭》的建筑解读绝对处于当时国际一流水平，不亚于国外建筑精英。

——原载《重庆建筑》2013年07期

《建筑与哲学观》跋

　　叶树源教授《建筑与哲学观》是早年作者独立完成的建筑基础理论学术专著。该书简体字版问世是一件极有意义的事情。

　　原因在于，一是该书实现了叶老"将此书献给中华大地的建筑学人"的心愿；二是该书道出了建筑设计创作的哲理和真谛，言简意深，值得研读。

　　书中有关设计人需要"神游意境"的论说尤其发人深省，乃建筑大家的创造。它既符合设计进程，又颇具中国特色。

　　书中第三章关于"建筑五度空间"的论述，更属国内外至今尚无出其右的思想种子。虽然此章文字至为简洁，点到为止，但内容极为深刻，值得后继者进一步阐发，联系实例能成鸿篇巨制，会使更多人理解其意。

　　为了更好地理解此书内涵，笔者建议读者诸君不妨从叶教授60年前（1954年）一篇题为"从意境到实境"旧文读起，同时读他近40年前关于《陋室铭》的建筑解读。你将不能不钦佩叶老建筑观念的超前，设计理念的正确。

　　令人感慨的是基础理论的书问世难。为促成此书简体字版问世，前后经历了多位学者近20年锲而不舍的努力。这里首先要感谢王国梁教授（1996年），感谢钱学森先生破例为该书写了专函（见此书序），感谢阎亚宁教授的介绍与推荐，感谢天津大学出版社韩振平社长和郭颖女士认真的编辑工作，终于有了今天的成果。这实在是建筑界一件令人欣慰的事情。

2014年7月大暑　草于北京

诗意建筑大师贝聿铭成功之路的启示
——贝先生建筑科学/艺术观念的跃升足迹

2017年4月26日是贝聿铭先生的百年寿辰,全世界建筑界都在祝贺他、学习他。因为他的建筑人生确实在人类当代建筑环境的改善和提高上做出了巨大贡献。

从建筑师的建筑学观念和驾驭能力角度而言,笔者认为,他将以"诗意建筑大师"的英名载入当代世界建筑史册。

探讨贝先生成功之路有着现实和深远的意义。因此我也不畏个人的才疏学浅,冒昧地提出这个课题并作此初步探讨。

（一）观念跃升，杰作频出

1985年2月3–7日,在中国建筑学会主持的以"繁荣建筑创作"为主题的中青年建筑师座谈会上,我提出了建筑学观念发展变迁的五个阶段的观点。

后来，在1987年的"科学与未来"会议上宣读的题为《21世纪是生态建筑学时代》的论文中，变成了6个阶段。

论文开门见山地说:

"现代建筑科学的发展已表明，20世纪末的20年是环境建筑学的时代，预示着下一个世纪头20年是生态建筑学的时代。环境问题，说到底就是一个生态问题。生态系统包括环境、社会、建筑、人，这才是更完整的环境观念。生态是构成环境机体的'血肉'，研究环境问题一时一刻也离不开生态。"

"我认为，人类的建筑价值观念，大致经历了五个阶段（或叫五个里程碑）：1. 把建筑视为谋生物质手段的阶段，实用建筑学阶段；2. 把建筑视为'艺术之母'，当作纯艺术作品的绘画、雕塑对待的阶段，艺术建筑学阶段；3. 工业产品时代——以柯布西耶为代表，视建筑为'住人的机器'的阶段，即'机器建筑学'或功能建筑学时代；4. 视建筑为'空间艺术'的阶段，如赛维所说'空间是建筑的主角'的空间建筑学时代；5. 认识到建筑是环境的科学和艺术阶段。1981年第十四次国际建筑协会大会上，《建筑师华沙宣言》提出，这是建筑价值观念上新的里程碑。"

现在，把我原名为"生态建筑学阶段"，即人类建筑学观念变迁的第六阶段，现称为"诗意栖居建筑学阶段"。并尊百年华诞的贝聿铭先生为"诗意建筑大师"，以表示我的景仰之情。

据多年来我对建筑界内外个案的观察，我感觉到，几乎所有有时代意识的建筑人士或界外人士，都是沿着这六个阶段的普遍规律，要求自己和要求建筑的，从而使自己的建筑学观念和建筑作品达到更高更远的水平和目标。

令人欣喜的是，如今这些已经或开始进入诗意建筑学阶段的佼佼者们，已经出现在我们的眼前。

如设计重庆市人民大礼堂的已经故去的张家德先生，健在的吴良镛先生先后有《广义建筑学》《人居环境科学导论》巨著问世，布正伟先生有走出风格与流派困惑的《自在生成》力作，陈荣华先生在扩建和保护重庆市人民大礼堂遗产上功不可没，马岩松先生倡导"建造自然"理念的贡献等。还包括建筑界外的一些有识之士，如已故去曾不断呼吁"建立建筑大科学部门"和倡导"山水城市"的杰出科学家钱学森先生等。

贝聿铭先生在诗意栖居建筑设计和创作上堪称典范，故作此文。

（二）建筑导师，格柯赖密

贝聿铭的建筑导师有一个长长的名单：

1. 格罗皮乌斯：作为现代建筑的一代宗师，帮贝聿铭形成了自己的建筑观；

2. 布劳耶：不仅在建筑上，而且在生活道路上，给贝聿铭以深刻的启示，使他理解了要真正懂得建筑，必须要首先懂得生活，建筑应该是有生活存在的地方，绝不应仅仅成为一种抽象的、美妙的东西；

3. 柯布西耶：柯氏建筑强烈的雕塑性及其理论和实践都有很大的参考价值；

4. 路易·康：使贝聿铭除了把历史做一个创作构思的源泉之外，对最广泛应用的建筑材料——砖和光等的作用加深了认识；

5. 密斯：对现代高层建筑的祖师密斯，贝聿铭并没有亦步亦趋，贝聿铭的高层建筑绝非密斯摩天楼的翻版；

6. 泽肯多夫：在开发城市用地的思想上，树立统观全局的观点，不仅影响到贝聿铭的思维方式和工作方式，也影响到他的建筑风格；

……

格罗皮乌斯（Gropius，Walter Adolph，1883—1969年），1937年应哈佛大学聘请，到美国任教授，第二年任建筑系主任。1944年入美国籍。在哈佛大学，他开设建筑设计原理课程。其向现代建筑设计进军的精神，深受学生欢迎，随之在其他学校引起改革历代以模仿为主的建筑风格。当时，我国的黄作霖、贝聿铭等都是他的学生。（摘自李邕光《世界建筑历史人物名录——从建筑人看建筑史》第491页）

格罗皮乌斯是反传统的，对他自己也不是故步自封墨守成规。早在1926年他就创造过"多功能剧院"（Total Theater）方案。到美国后，他便宣称，"我的观点，常常被认为是合理化和机械化的顶峰，这是对我工作的误解。"他并没有把包豪斯的一套完全移植美国，他说，"包豪斯当年也在不断地变，常在探索创新，在美国应该有美国的方式。"

他本人不仅设计作品众多，而且理论成果颇丰。如《建筑与设计》（1939）、《艺术家与技术家在何处相会》（1926）、《工业化社会中的建筑师》（1952）。他在《全面建筑观》一书中说，"未来的建筑师应将所有艺术融合为一"，并且明确地说，"人类心灵上美的满足比起解决物质上的舒适要求是同等的，甚至是更加重要的"，"时代不同，环境不同，而作出不同取求。"（同上书第492页）

贝聿铭得天独厚的家族背景、家庭环境，又得到伟大的现代建筑教育家格罗皮乌斯的言传身教，因此他能在较短的时间内，达到实用建筑学/艺术建筑学/功能建筑学观念的跃升。这也是这里主要论述贝先生空间建筑学/环境建筑学/生态（诗意栖居建筑学）思维形成的轨迹（见表1）。

贝聿铭先生后期代表作分期及导师、引路人或合作者　　　　表1

空间建筑学阶段 （1935—1960年）	环境建筑学阶段 （1961—1981年）	诗意建筑学阶段 （1981—2017年）
空间时期建筑代表作：	环境时期建筑代表作：	诗意时期建筑代表作：
建于上海的中国艺术博物馆 （方案）（1946年）	华盛顿国家美术馆东馆 （1978年）	北京香山饭店 （1982年）

空间建筑学阶段 （1935—1960年）	环境建筑学阶段 （1961—1981年）	诗意建筑学阶段 （1981—2017年）
美国国家大气研究中心 （1966年）	肯尼迪图书馆 （1979年）	巴黎卢浮宫博物馆扩建工程 （1984年）
	北京香山饭店 （1982年）	苏州博物馆新馆 （2006年）
空间建筑学时期导师：	环境建筑学时期引路人或合作者：	诗意栖居建筑学时期引路人 或合作者：
格罗皮乌斯、布劳耶、柯布西耶、密斯、路易·康、赛维和印第安人民居等	计成、陈从周、檀馨等，以及中国园林艺术实例苏州狮子林、肯尼迪夫人等	计成、檀馨、密特朗、文征明、文震亨等

1946年导师格罗皮乌斯对贝聿铭硕士毕业设计"建于上海的中国艺术博物馆"亲笔签署的意见（摘）如下，也可以看出贝聿铭所达到的水平。

这个建在中国上海的博物馆，是贝聿铭就读于哈佛大学建筑系研究生班时，在我直接指导下设计的。他清楚地表明一个有能力的设计者能够很好地抓住传统的基本特征——他发现，这种传统依然存在着生命力——而不牺牲具有时代精神的设计概念。今天我们已经清醒地意识到，对传统的尊重并不意味着心安理得地默认那种碰运气的做法或简单模仿过去美学形式的原则。我们已痛切地感到，设计中的传统永远意味着由于人们的长久习俗而形成的基本特征。

……

这个设计，受到哈佛设计学院全体教师的高度赞赏，因为我们认为在这个方案中，现代建筑的表现手法达到了高水平。

沃尔特·格罗皮乌斯（签字）

据此，我们就不难理解为什么贝先生在比较分析四位现代主义建筑大师之后，给予导师"建筑教育家"的高度评价。他认为"格氏比较好学，基础也好"，并且先后一直师从格罗皮乌斯十多年。

1954年，贝先生在回答台湾东海大学师生的请教时如是说：

"格式是建筑教育家，而柯布西耶与赖特是艺术家、创造家；格氏在教学时只是作原则上的讨论，而学生们则根据这个讨论的结果着手设计；但柯氏完全是自己创造，而他的弟子则完全跟着他在走，亦步亦趋，亦即夫子学生般，痛痒相关。而密斯在设计原则上与老子的哲学思想很相同，他的建筑根本可以说是蒸馏的结果，剩下的就是那最精华的所在，只有一个空间的轮廓，如壳（shell）一般形成一种通用的万能空间（universal space），可以适用于任何使用目的。例如权衡（proportion）、尺度（scale）、材料（material）、构造（construction）等均加以精益求精的追求"

（见黄健敏《阅读贝聿铭》第4-9页）

在谈到教育要点时，贝先生指出三个原则：1.结构和构造等工程科学，与建筑有密切关系，理应彻底了解；2.其他与工程并重的，对建筑材料特点的理解与应用，甚至何种做法、如何改良，都是很重要；3.最重要的是对我国民族历史、固有文化、社会情形等都须透彻了解，中国确有许多宝贵的好东西，可以值得保存，也就是说我们要将我们固有的好文化整理保存且渗透在建筑里。（同前文第9页）

（三）职场导师，泽肯多夫

建筑师是客户和开发者的中介，客户和开发者都是建筑师的"上帝"。贝聿铭深明此理。在当了两年助教后，31岁的贝聿铭逃离与世隔绝的艺术界，投到另一位导师——奢华的房地产投资开发商威廉·泽肯多夫（William Zeckendorf）门下。

泽肯多夫绝非一般只用金钱做生意的人，而是进行观念性的思考，运用想象力对城市土地再开发，能使土地的价值翻三番的人物。他见到贝聿铭如鱼得水，像古代希腊的美狄奇家族那样，把贝聿铭当作"现代的米开朗基罗和达·芬奇"来雇用。

通过泽肯多夫的房地产速成课，贝聿铭很快成为一名极难得的，可以就价值位置和资金等实际细节发表权威意见的建筑师，他的事业由此起飞了。泽肯多夫的判断和预期是正确的，由于优秀的设计并不比低劣的设计多花钱，建筑师和开发者只要素质相当，完全可以由相互不信任而转变为愉快合作的关系。（见顾孟潮《建筑与文化漫笔》第173页）

贝聿铭在哈佛时，他决定投奔房地产大亨泽肯多夫一事，使他在坎布里奇的熟人们感到气愤。没有想到贝聿铭因此而加快了他的职场修炼成熟速度，很快就成立了自己的建筑师事务所。

泽肯多夫的部下花了整整4个月的时间对丹佛进行研究。他们得出的结论是：丹佛已具备条件成为落基山"帝国"的首府。1945年6月，泽肯多夫花费818600美元购下法院大楼广场，并宣布他计划在战时紧缺状况缓解后马上着手建造可与"洛克菲勒中心"相媲美的综合建筑群。这是泽肯多夫与贝聿铭的首次密切合作。他们期望建造一幢办公塔楼为中心的、宏伟壮观的综合性建筑组合，从而加快城市节奏，吸引人们到市中心购物、用餐和娱乐，也给那座维多利亚石头堆的心脏地区输入一份高雅气息。

贝聿铭说服泽肯多夫一反常规，在建那幢玻璃和铝合金大楼时尽量不紧挨着大街。结果大楼的占地面积不到那块两公顷用地的1/4。用支柱撑起的大楼，行人可以畅通无阻地漫步在一座简朴优雅的露天大厅和一座生机盎然的庭园中。那里有花坛、喷泉以及满载美洲红点鲑鱼的清可鉴人的清凉水池，还有一直演奏到深夜的醉人心田的音乐。在为公众提供露天活动场所，使他们能在喷泉和树木中徜徉方面，这幢楼走在了全国无数家商业设施的前面。同时，这份设计也是贝聿铭在整个职业生涯中偏爱精巧空地的最初表露。

对贝聿铭来说，建筑和建筑之间的空间，与固体建筑本身同样重要。有人对贝聿铭如此慷慨地拨出场地供公众使用提出疑问，贝聿铭援引中国哲学家老子的话作答："延埴以为器，当其无，有器之用"（实际上，只需把23层楼面的每一平方米的租金提高5美分，弥补底层损失的收入就绰绰有余）。

（四）阅人无数，如得神助

贝先生有"建筑界的外交家"的美誉。

他慧眼识人，并且有机敏和耐心的优点，他竟然能够把不少水平高，有着不同志趣又属于不同学派的人吸引到一起，创造出和谐的人际环境。贝先生总是笑脸迎人，让人人喜欢。他交朋友和招揽客户的本领真是让人望尘莫及。

我认为贝聿铭成功的四大因素为：善于招揽业务、善于与房地产开发者合作、善于与客户交朋友、善于吸引高素质人才。

处理好客户、建筑师、开发者三者关系，是建筑师与开发者事业成功的关键，也是客户的幸运。贝聿铭深谙招揽大客户的诀窍。他重视与客户交朋友，但又不一味迁就客户，还会对客户提出"挑战"。如在法院大楼广场建一栋23层的综合办公楼，贝聿铭坚持只占那块用地的1/4，并用支柱撑起大楼，这在为公众提供露天活动场所方面，在美国开了好的先例。

客户的重要性，从"金字塔战役"中看得最清楚。贝聿铭说："卢浮宫是我一生中接受的最大挑战和最大成功。"这项工程历时十年，耗资10亿美元，涉及130名建筑师、250多家建筑公司、7个政府部门，如果没有"贝聿铭的钛质脊梁"和密特朗政府及总统本人作为坚强后盾根本不可能完成。

贝聿铭善于吸引高素质的人才。考伯与佛里德这两位最有才智的建筑师不愿离开贝聿铭的事务所，原因有三：

首先，他们永远无法招聘到云集在贝聿铭手下那些拥有天赋和专长的人才；其次，他们永远无法赶上贝聿铭招徕业务的能力；最后，"贝聿铭想的是明天，而我想的是后天，以一种贝聿铭事务所任何数量的工作无法企及的方式，确立了我个人的地位"（亨利·考伯不顾贝聿铭的反对，担任了哈佛研究生院建筑系的系主任，并且保证事务所在背影离去后能继续存在）。

又如，早在1978年，贝聿铭从美国到上海来访问陈从周教授，谈了许多中国园林与民居问题，又看了许多苏州、扬州等地的园林、民居而归。

"接着我因筹建纽约'明轩'去美国，在他家又讨论这个问题。他兴趣真浓啊！我返国后次年4月，他又约我到北京，告诉我他正在设计香山饭店，要试图以中国民族形式来表现。于是同上香山，从地形、建筑位置、庭园设想，以及树木保护等方面，都做了细致的分析与研究。"

陈从周先生晚年与贝聿铭交往甚密，被邀为贝聿铭事务所顾问，并成为"进住香山第一人"，这当是香山饭店设计成功的重要因素之一吧？

（五）制约中生，自由中死

贝聿铭作建筑如同作诗一样,语不惊人死不休！

贝聿铭坦诚地承认："对我来说，设计是一个缓慢的乃至痛苦的过程。"他设计一幢建筑时从全局出发，每一个细节他都要经过深思熟虑，反复推敲，一定要使所有实质性问题都得到圆满解决，而且在其形式上要称得上独具一格。每当人们听到他在长久专注地思考之后哼起了小曲，那必定是他对某一个问题寻求到了能使他满意的解决方式。

贝聿铭的座右铭是"力量从制约中诞生，在自由中死亡。"在1983年他获普利兹克奖的颁奖仪式上讲话时，感慨地说"记住达·芬奇的忠告是多么有益"。

1983年，普利兹克奖评委会对贝氏的评语：

20世纪最优美的室内空间和外部形式中的一部分是贝聿铭给予我们的。但他的工作的意义远远不止于此，他始终关注的是它的建筑耸立其中的环境。

他拒绝把自己困在狭小的范围内的建筑艺术问题之中。在过去的40年里，他的作品不仅包括工业的、政府部门的以及文化领域的殿堂，而且还有适合中低收入家庭的住宅建筑，他在材料应用方面的才能和技巧达到了诗意般的境界。

他的机敏和耐心，使他能够把有着不同志趣和属于不同学派的人吸引到一起，创造出和谐的环境。

需要说明的是，评委会授予贝聿铭普利兹克奖之前，是专门派代表到北京香山饭店现场调查研究之后才做出决定的，足以证明评委会的慎重、细致、精准、高水平的工作质量；另一方面也说明北京香山饭店对于是否获此重奖的举足轻重。

而且，从评语的字里行间不难发现许多香山饭店可以"对号入座"的优势。

鉴于此，笔者认为贝氏北京香山饭店设计，是他建筑艺术观念跃升的转折点，该工程既属于环境建筑学的代表作，也属于诗意建筑学的代表作。

这也是我将其两次列入贝聿铭先生后期代表作分期（表1）的原因。其实，1/3世纪前的1983年的评语中，已有"他在材料应用方面的才能和技巧达到了诗意般的境界"的说法，已经预示着"贝聿铭诗意建筑大师"的崭露头角。

（六）诗意盎然，出神入化

在解读贝聿铭先生承前启后的建筑风格时，王天锡先生指出：其建筑作品具有鲜明精确的几何性、强烈生动的雕塑性、明快活跃的时代感、被绘画雕塑作品加强的艺术性（见王天锡《贝聿铭》第30-43页）。1990年解读贝氏建筑艺术，达到了如此高深的水平，实属难能可贵。

1/4世纪前后的贝先生的建筑观念和众多设计作品，当之无愧已经进一步登堂入室，达到诗意建筑学的境界，不仅可居，而且具有可观、可游、可借鉴、可读写、可入史、可入画、可歌咏等多种功能和意义，达到诗意盎然，出神入化的层次。

学习贝先生的建筑观念、思想和建筑作品时，我们似乎也应当有新的视角，更宽、更高的视野。特别是当贝先生完成了北京香山饭店、巴黎卢浮宫国家博物馆、日本美秀美术馆、美国达拉斯音乐厅等诗意建筑作品之后。尤其是继北京香山饭店落成1/3世纪之后，贝先生又在中国设计建造了他称作"亲爱的小女儿"的"封刀之作"——苏州博物馆等这些诗意建筑的里程碑式的代表作。

可以毫不夸张地说，贝先生是非常精彩、非常全面、水平非常高，又具有个人独特创造性的博物馆设计专家，有人说，"贝聿铭开创了博物馆的后时代"，我同意这个说法。

我感觉贝先生在建筑上的创造（包括策划、规划设计的项目），经常在整体上体现出，整体上和高层次上的把控力和远见卓识，在细致处几乎无懈可击，从建筑美学上看，我认为其诗意建筑具有以下特点：

1. 人文美；2. 环境美；材料美；3. 工艺美；4. 高科技美；5. 几何雕塑美；6. 理性美；7. 意境美；8. 综合美。正如贝先生所言，"建筑可以综合许多东西"，他本人乃是"能综合众多要素的出神入化的建筑艺术大师"。

在《从香山饭店探讨贝聿铭的设计思想》一文中，我具体讲了贝聿铭先生设计思想中值得我们借鉴的5个要点：1. 设计"归根建筑"；2. 环境第一；3. 一切服从人；4. 刻意传神；5. 重视空间和体量。（顾孟潮《从香山饭店探讨贝聿铭的设计思想》，建筑学报，1983年4期，61–64页）

"树高千丈叶归根"是陈从周教授赠给贝聿铭的一句诗，他赞扬了贝先生晚年一心要为祖国做贡献的深情。落叶要归根，贝聿铭设计的建筑物也才在归根，他设计的是"归根建筑"，"归根"是贝聿铭设计思想中的精髓。

从贝先生的整个建筑人看，从他第一个设计方案——1946年"建设于上海的中国艺术博物馆"方案，到2006年落成于苏州的苏州博物馆，他60年设计生涯一直在作"归根建筑"。这里的"归根"不仅仅是归"中华之根"，而且是在归"文脉之根""历史之根""社会民俗之根""自然之根""地方之根"。

正如贝聿铭先生所说，"建筑是历史文化和物质生产的结晶，不仅是科学，而且是艺术"。而历史、文化、物质生产、科学和艺术这些方面，在不同的国家、不同的民族、不同的地方有着不同的表现，即所谓民族性、地方性、现实性。这就是他无论到什么地方从事建筑设计，首先要"寻根"和"归根"的原因。

美国科罗拉多州山中的美国国家大气研究中心、华盛顿三角地的国家美术馆、北京香山脚下的饭店、巴黎的卢浮宫国家博物馆扩建、古典园林群中的苏州博物馆等，都是这方面的突出实例，从而使这些建筑具有人文美、环境美、材料美和工艺美。

高科技美、几何雕塑美、理性美和综合美,则是贝先生追求建筑时代性和贝氏特有风格的重要手法。贝先生对几何形体和抽象性雕塑的简洁与永恒性情有独钟，并取得了惊人的成就，甚至在地方风格十分强烈的苏州博物馆上也采用了不少几何形。

意境美，更多体现在他设计风景区、文化内涵深厚或有信仰需要的宗教建筑、文化艺术类建筑上。在苏州博物馆体现得比较全面，让人们不得不刮目欣赏其诗情画意和深厚的文化内涵。

令人不解的是，为什么贝先生特意从文征明的故乡，选了两株古藤移植在苏州博物馆院内，似乎在向人们提示：不要忘记这位故去400多年的苏州文化杰出人物，展示文家古藤这一重要文物，以此向诗、文、书、画无一不精的"四绝"全才文征明表示敬仰之情。

另外，贝先生此举是否在含蓄地提示我们须知文征明的曾孙是大名鼎鼎的文震亨（1585-1645年），他能书画擅音乐，尤对造园的理论和实践有所专长（见李邕光《世界建筑历史人物名录——从建筑人看建筑史》第668页第182项），1634年完成著作《长物志》，书中论述室庐、水、石及造园、假山技艺等。

特别是，文震亨在其《长物志》的"室庐篇"中提出了诗意栖居的"三忘"标准——即"居之者忘老，寓之者忘归，游之者忘倦。"贝先生正是这类"诗意栖居建筑"的设计者、深得文氏诗意建筑思想真意的正宗传人。

最后，我想引用40年前（1978年）贝聿铭先生讲过的三句话作为本文的结尾。他说：

1."只要建筑师能够跟得上生活的脉搏，他们将永远不会被遗忘。"

2."生活在变化，而且它永远反映时代的状况。建筑毕竟是社会艺术的一种形式。"

3."建筑师和艺术家们则不尽相同，他受到许多方面的制约，他必须创造一种生活的环境，而这种环境必须适应时代。因此他是为时代状况而工作，而不是创造自己的小天地。"

——原载《重庆建筑》2019年06期

论柯氏现代建筑理论与柯氏建成遗产

柯布西耶1923年出版的经典著作《走向新建筑》是柯布西耶最具代表性的现代建筑文化遗产，是其公民建筑思想、建筑科学理论的宣言书，是其呼吁和倡导现代建筑运动平民化、民主化、科学化、现代化、工业化的力作。柯氏现代建筑理论是20世纪诸多建筑思潮中最重要和影响最深远的建筑理论。其代表人物就是勒·柯布西耶、格罗皮乌斯、密斯、赖特。

柯氏现代建筑理论的基本特征是，强调以人为本，关注和满足现代人的物质和精神、心理、行为的需求；强调建筑随时代发展变化；强调现代建筑应同工业时代相适应；强调建筑师应研究和解决建筑的实用功能与经济问题，强调积极采用新材料、新技术，促进建筑技术革新结构；强调坚决摆脱历史上建筑式样的束缚，放手创造新建筑；强调发展建筑美学，创造新的建筑风格。

勒·柯布西耶的现代建筑理论和思想对现代建筑文化的贡献集中表现在两个方面。

一方面，他贡献了许多建筑设计作品，包括建成的和尚存在于设计图纸上的建筑，这些都是十分珍贵的。其设计代表作有：萨伏伊别墅（1929—1930年）；巴黎瑞士学生公寓（1930—1932年）；莫斯科苏维埃宫（1931年）；巴西里约热内卢教育卫生部大楼（1937—1943年）；马赛公寓（1945年）；法国圣特底规划（1946—1951年）；纽约联合国总部大楼设计（1941—1953年）；法国朗香教堂（1950—1955年）；印度昌迪加尔规划、法院及政府大楼（1951年）；美国哈佛大学视觉艺术中心（1961—1964年）等。

2016年7月第40届世界遗产大会上，国际著名建筑师勒·柯布西耶设计的17座建筑均入选世界文化遗产名录。

"这些跨度长达半个世纪中建成的建筑都属于勒·柯布西耶'不断探索'的作品，无论是印度昌迪加尔国会建筑群、日本东京西洋国立美术馆，还是阿根廷拉普拉塔库鲁切特住宅及法国马赛公寓无不反映了20世纪现代建筑运动为满足社会需求、探索革新建筑技术方面所取得的成果，这批创意天才的杰作见证了全球范围的建筑实践的国际化。"

这些建筑分别在法国、苏联、巴西、印度、美国等地。

另一方面，柯氏建筑思想理论精神（非物质性）遗产也十分丰富。就其塑造建筑人的观念、指出现代建筑发展方向和路线方面的历史奠基意义而言，后者尤其重要。

柯氏建筑著作主要有《走向新建筑》（1923年）；《大巴黎》（1925年）；《明日之城》（1929年）；《白色教堂》（1927年）；《模度论》（1948–1953年）；《我的作品》（1960年）等。其中以《走向新建筑》影响最大、最为深远。

勒·柯布西耶是彻底的公民建筑的倡导人和开拓者。

柯氏公民建筑观的核心——"建筑师关注人"。

他曾提出"住房是居住的机器"这样的观点，他说"房屋不仅应像机器一样适应居住要求，还要像生产飞机和汽车那样真实表现生产效能（居住要求）的卫生的居住环境、'洁净精神'的作用。"

他设计的马赛公寓（United Habitation, Marseilles, 1947–1952年）是典型的"公民建筑"，该设计及时地适应了法国第二次世界大战后城市重建的迫切需求。其建筑像居住小区那样，是一个独立的包括各种生活与福利设施的城市基本单位。

马赛公寓位于马赛港口附近，东西长165米，进深24米，高56米，共17层（不包括地面与屋顶花园）。其中第七、八层为商店，其余15层均为居住用。它有23种不同的居住单元，可供从未婚到拥有8个孩子的家庭使用，15个居住层中只有5条走廊，节约了交通面积。室内层高2.4米，各居住单元占两层，内有小楼梯。起居室两层高，前面有一绿化廊，其他房间均只有一层高。第七、八层服务区有食品店、蔬菜市场、药房、理发店、邮局、酒吧、银行等。第十七层有幼儿园、托儿所，有一条坡道引到屋顶花园。屋顶花园有一个室内运动场、茶室、日光室和一条300米的跑道。

这种建筑充分体现柯氏公民建筑观的核心——建筑师关注人。

英国首相温斯顿·丘吉尔曾说过，"人塑造了建筑，建筑也塑造人"。此言极是。要知道，马赛公寓可是70多年前的建筑作品！

柯氏起草的《雅典宪章》（1933年）是对现代城市规划建设理论的奠基，随后出现的《威尼斯宪章》（1964年）、《马丘比丘宪章》（1977年）、《华沙宣言》（1981年）、《北京宪章》（1999年）等都是以《雅典宪章》为基础，将建筑实践推向更大广度、深度的结果。

柯氏60年硕果累累的建筑生涯表明，他不仅是伟大的建筑师、城市规划师，还是伟大的建筑思想家，他一生都在坚定有力地倡导现代建筑革命。

1987年中国当代建筑文化沙龙成立不久，做的第一件大事就是纪念现代建筑运动的旗手勒·柯布西耶诞辰100周年。活动得到法国大使馆、国际建筑师协会（UIA）、中央电视台和同行的大力支持，取得良好社会反响。

上篇

令人遗憾的是，对这种促成建筑文化跨入历史新阶段的柯氏公民建筑思想观念，近百年来却出现了许多误读，如称这一理论是"现代建筑死亡论"，是"走向新建筑精神过时论"，是"现代建筑定格论"等，认为现代建筑理论已经时过境迁，柯氏是"建筑千篇一律的始作俑者"等。这些说法将作为主流的现代建筑与属于支流的后现代建筑（新古典、高技派、新理性主义、解构主义、极简主义）等建筑流派相提并论，在一定程度上更加剧了对柯氏现代建筑理论的误读。

为什么会出现对柯氏理论的误读呢？

1961年召开了议题为"现代建筑死亡或变质"的研讨会，1966年文丘里（R.Venturi）出版《建筑的矛盾性和复杂性》一书，有人写文章宣布"现代建筑1972年7月已经死亡"。

那么为什么会出现"现代建筑死亡论"和"现代建筑过时论"呢？

笔者认为，后现代主义建筑加了一个"后"字，其本身就表明它与现代主义建筑的血肉相连，两者将长期共存。

何况，建筑业内不少人还认为勒·柯布西耶设计的朗香教堂乃是后现代主义建筑的杰作，建筑大师贝聿铭也称自己是现代主义建筑创作者等等，这说明勒·柯布西耶在现代建筑史上确实起到了承前启后的作用。

这些思想遗存，作为非物质文化的建筑观念曾长期主导着人们的城市规划建设和各种建筑设计现实，我们不能不对它加以重视，因为保护遗产不能在不深入分析和澄清形成这些建筑观念下进行。

下篇

关于非物质文化遗产，联合国教科文组织曾明确指出，非物质文化遗（Intangible culteral heritage）指群体、团体，有时为个人视为其文化遗产的各种实践、表演、表现形式、知识体系和技能及有关的工具、实物、工艺品和文化场所。

确定每年6月的第二个星期六为"文化遗产日"。

2016年，中国二十四节气申遗成功。我们已拥有对非物质文化遗产保护的文化基础和驱动潜力。

中国现在已成为入选联合国教科文组织"名录"项目最多的国家，作为闻名世界的古建大国，这里我推荐几个仍有希望入选的项目：

1. ［宋］李明仲：《营造法式》

已有800多年历史的《营造法式》是我国木构建筑构件标准化、定型化集大成的规范式著作，它促成我国成为独树一帜的木构建筑大国，而且是木构建筑构件标准化的创始国。

2. 朱启钤：《中国营造学社》（1929年创立）

中国营造学社是中国最早以中国古建筑非物质文化遗产研究、保护和发掘、测绘的民间学术团体，它得到建筑、历史、哲学、社会学家多方面有识之士的支持，在中国建筑文化遗产研究和保护方面作出奠基性的杰出贡献。它的五大功绩：运用现代科学方法；培养了人才；创造了文献研究与考察测绘相结合的方法；传播普及古建筑知识；保护了许多珍贵的古建筑。

3. ［明］计成：《园冶》

《园冶》已有380多年历史，是世界上第一部园林学理论，也是指导园林学实践操作的著作，它使中国成为"世界园林之母"。2014年中国园林学会召开的国际学术研讨会给予《园冶》一书极高的评价。

4. 钱学森：《建立建筑科学大部门的设想》

已提出20多年。《建立建筑科学大部门的设想》对推动我国大建筑观的建立和建筑科学技术体系的创立有开创新时期的意义。

发展柯氏建筑理论和保护柯氏建成遗产，是我们对勒·柯布西耶诞辰130周年的最好纪念。

草图不是"显灵板"

——斯坦利·阿伯克隆比的提醒

美国《室内设计》杂志主编斯坦利·阿伯克隆比（Stanley Abercrombie）主编的大作《室内设计哲学》中文版，2016年5月由重庆大学出版社出版，译者是诗人西楠。

虽然这是一本13万字、不到200页（183页）的"小书"，我读后仍感到此书的出版将可能引起中国室内设计界，包括建筑界、园林界广泛的关注，甚至形成产生深刻影响的学术事件。因为它敲响了草图不是"显灵板"（Ouijaboard）的警钟。由此可见，作者、译者、出版者的独具慧眼。此书的问世，颇值得开个新闻发布会和学术座谈会，使更多的读者早日发现它，早日受益。

该书是一场学术争论的产物。哥伦比亚大学建筑与规划学院院长认为，室内设计并不能被视为一门真正的专业，因为它缺乏完整的理论。作者斯坦利·阿伯克隆比（1935–）作为美国建筑师协会会员、美国室内设计师协会荣誉会员，不同意这种论调（其实在中国，与这位美国院长论点相同的大有人在），这促使他就此进行了深入的调查和思考，最终完成该书。从该书用了9页篇幅（第175–183页）列出140种参考书目，占全书的1/20，也可以想见作者博览群书、厚积薄发的学术功底。

作者坦称"室内设计已经发展为一门独立的学科……建立自己的哲学是必要的"，而且作者声明"我这本书所要呈现的，并不能说是室内设计哲学的新发现。它仅仅希望提醒设计者正视久已存在的室内设计哲学"。鉴于中国现代建筑的室内设计专业起步较晚，使我更觉得这正是此书的难能可贵之处。

众所周知的一种相当普遍的现象是，相当多的设计者，以自己常年趴在图板上的行为自豪，以有"画图匠"之称自豪，并以此为荣很少读书，对于什么有关哲学的虚无缥缈概念的书就更别提了，其中有些人确实在"视草图为'显灵板'"。

该书作者批评的就是这种错误观念。他说：

设计中常见的大错是，还没在脑海中有值得画下的创意，就画出了产品。（这不正是我国丑陋建筑、建筑垃圾众多，奇奇怪怪建筑无数的重要原因吗？）

作者在该书结论这一章（第169–173页）中，言简意赅地用"概念的首要性"观点批评"把草图视为'显灵板'"的错误观念。其观点的主要依据是：

1. 深层的信息不会自动蹦出来；
2. 信息的表达是由内而外的；
3. 概念指导着设计师的笔触及稍后的器材、家具和结构的选择；
4. 概念产生了对功能、空间以及预算的考量；
5. 概念产生了一个相对无形的要素、独特而合宜的特性。

笔者之所以在开篇说"此书的出版有可能成为产生广泛深刻影响的学术事件"，不仅是因为其言简意赅，并且，书中多次出现将室内设计和建筑设计、园林设计加以比较的论述，说明作者视野的开阔与思考的深度，这些显然会对广泛的建筑科学界、建筑园林城市设计界以及有关的领导层、管理层人士有所启发，其读者群远远不应当仅限于室内设计专业的学生。

——原载《中国园林》2018年02期

不可忽视的技术哲学

　　作为多年做技术工作的建筑师，深感有研究和学习"技术哲学"的必要，却苦于没有适当的书读。最近买到一册《发现的种子》，该书是作者三十年前佳作《科学研究的艺术》一书的续篇。由于社会的进步和作者的成熟，续篇比前篇更精彩。借助当代两大领域——创造心理学和系统论的伟大进步，使该书达到了相当的高度和深度。我以为贝弗里奇（W. I. B. Beveridge）所讲的正是技术哲学。

　　技术需要哲学，才能有超前的发明，否则只能跟在别人后面爬行。特别是在工业革命、技术革命、科学革命相继连续发生的今天，对于科学技术长期停滞不前的我国，尤其需要技术哲学的研究。技术哲学是解决人的技术观，帮助人正确处理人与工具、人与技术的关系问题。因此，是否可以说，技术哲学主要不是研究硬技术，而是研究作为最复杂的软件——人，人的技术观念。可以相信，技术哲学的研究将大大促进各行各业、各门科学技术观念的更新，从而促进政策、体制、立法改革的步伐。系统论和系统工程学，可以认为是宏观的"技术哲学"，现已显示出它的威力，推动着人们的整体思维和一个又一个系统对象的改善。

　　贝弗里奇的《发现的种子》吸收了系统论的思想和方法，从而取得了科学研究和技术哲学研究的丰硕成果。这再次证明了把技术对象作为一个系统是很重要的观念。技术作为知识，正如贝弗里奇所指出的，同世界上其他事物一样，技术是由"物质客体和非物质的现象或过程组成的"……技术也是由硬件和软件组成的。机器是硬件，"为什么发明这种机器"，即发明机器的原因、条件、过程才是软件（非物质成分）。这种特殊因素既不能称量，也不能用仪器测量和跟踪，因为它本身是捉摸不定的、抽象的，既非物质也非能量。"它是一种既能传递信息，又能传递指令程序的模式"，贝弗里奇把它简称为"模式"。一种模式可以有不同的载体，载体可以有无数种——机器、书籍、电影、广告、人等等都是，重要的不是引进载体而应是引进"模式"，加以消化、学习，然后创造出自己的模式来。而模式的引进、消化、学习、创造的全过程，特别需要技术哲学的指导和帮助。贝弗里奇的书介绍各种思维方式（批判性思维、想象性思维、无控性思维），怎样促使直觉和灵感的产生，抓住机遇和机会，有所发明和发现，并深化这种发现……对这种全过程的提示和经验传授无疑有助于读者智力的自我开发，原来"发现的种子"就在我们自己手中，在发现客观世界万物之前，首先需要"发现"自我的潜能。

轻视技术哲学，使古代中国即使有很多伟大发明，却社会效益不大。眼下的盲目引进硬件而轻视软件研究的现状，不免令人担忧历史悲剧的重演。因此我想，这一册篇幅无多却份量不轻的书当有更多的人读一读。

（《发现的种子》，[英] W. I. B. 贝弗里奇著，金吾伦、李亚东译，科学出版社1987年7月第一版，1.55元）

——原载《读书》1988年

用美学思维检验建筑师的思维语言

——布正伟《建筑美学思维与创作智谋》读后

近来，在我研习"建筑思维语言学"的日子里，有幸与布总"不谋而合"。我发给他第1个微信信息时便得到他的支持。他非常赞同华为总裁任正非先生的观点。

微信内容如下：

思维语言比形式语言更为重要（笔者原小标题，下同）

华为任总7月份在巴塞罗那恳谈会上的讲话使我有振聋发聩之感。我认为在城市规划、建筑设计、房地产界这种情况很普遍，他的话切中要害！

任正非总裁说，虚拟经济是实体经济的工具，不可因为工具能直接带来真金白银，就直接追逐真金白银，不该在炫耀锄头时忘了种地！

如果我们把"虚拟经济"四个字换成"建筑形式语言"，把"实体经济"四个字换成"建筑思维语言"，建筑界的朋友们就会头脑清醒地认识到：

建筑界多年来痴迷于建筑形式语言，忘记建筑思维语言更为重要，这不正是丑陋建筑源源不绝、屡屡不改、久治不愈的重要原因吗？

目前建筑界掌握建筑思维语言的人越来越少了！房价虚高、海绵城市、智慧城市满天飞的现象就是证明。

布总立即回复：已收读，拜谢！您转发的那位老总的观点切中时弊，我深有同感，但已积重难返，这跟炫耀面子工程的辉煌之风同出一辙，很少引起建筑圈内人士的警觉！

笔者又发微信说：

走出风格与流派的困惑（笔者原小标题，下同）

在学习建筑思维语言时，我赞赏布正伟学兄的思路，走出风格与流派的困惑，建立自在生成的变化机制，使其自在生成。

布总认为，建筑不但有外在的"风格"问题，更应该有内在的"品格"问题，而且"品格"应该高于"风格"，只有按照建筑本体论的规律行事，才能获得品格上的意义，才能有一种恒久意义，而不是转眼即逝的烟云。

追求建筑的高品格，是布总"自在论"的建筑哲学基础之一。科学的建筑环境艺术观念是其"自在论"的最重要理论基石。因此他走出了"风格与流派"的外在形式标签的思维误区。他可以借鉴风格和流派的思路和手法，但绝不跟风或不加思考地盲目引用。另外，他开始感悟到东方哲学思想的深奥魅力，这也是他立论成功的重要原因之一。

布总倾向东方哲学的立论思路，使我想起芦原义信在美国哈佛大学留学时，他的导师看到他模仿欧洲建筑的绘图后对芦的开导："你是来自东方国家的青年，不是欧洲的留学生。Beoriginal, becreative!"是对芦极为强烈的震撼。

回想我们同行中，有的中国青年建筑人，时不时地也会出现，不知不觉地常常忘记了自己身为东方人的自我现象。这种状态下的思考又怎么能有独立之思考、自由之精神呢？（见［日］芦原义信著《建筑师的履历书》，中国建筑工业出版社，2017年5月版，第22页）

（详见布正伟著《自在生成论——走出风格与流派的困惑》，黑龙江科学技术出版社，1999年第1版）

布总9月3日晚9时47分告我：明天把我归纳的《自在生成践行六题》的1+48版面发你邮箱，供交流切磋。

在布总无私地让我能共享他的学术成果的前提下，使我逐渐地走进他的《建筑美学思维和创作智谋》大作。

此书表明，布总继《自在生成——走出风格与流派的困惑》之后，18年来继续奋力探索，硕果累累。衷心祝贺他在"自在生成建筑美学行思录"基础上又有此大作问世，并达到了建筑理论与创作上的新高度。

这里汇报一下我初读后的收获。

使我深为受益的是，其美学思维深化进程的6个切入角度（层面）：

1. 建筑本体论层面——深入思考"建筑是什么？"；

2. 建筑艺术层面——思考建筑艺术本质属性与其表现手段特性的内在联系；

3. 建筑技术层面——建筑技术在其物质外壳形式（即材料与结构）的运用中，有哪些直接影响"技术美"表现的设计因素？

4. 建筑文化论层面——建筑文化的物质层、艺术层（中层）与精神文化（上层）各层面的比重和差异；

5. 建筑价值论层面——建筑价值的创造究竟体现在哪里？

6. 建筑方法论层面——弄懂"法无定法，非法法也"和"无法而法，乃为至法"中的辩证思想在设计中体现的理性、情感、随机性与随意性等如何处理的恰如其分。

布总的6个切入角度（层面）是相当深刻全面的建筑美学的复杂大系统思维，无论在深度、广度和高度方面均达到了空前的水准。

另外，他在总结如何把"建筑美学思维的理论成果"转化为创作设计的"软实力"时，提出了六条实践经验路径的要领，也非常有借鉴与可操作性，略述如下。

布总强调：

1. 建筑的"自在"，是建筑表现出来的一种可感知的状态，是对"不自在"来说的（建筑现象有三种状态：自在、不自在和混合状态）；

2. 处理好建筑的复杂性带来的各种问题，正是创造"自在建筑"之关键所在；

3. 不能只从一点一面去看建筑做建筑，如功能决定形式、风格伴随技术等；

4. 自在生成"多维制导"，是让各种设计因素和建筑元素从混沌状态沿着自在生成方向进入融合景象，最终实现设计尽其优化这一目标的重要保证；

5. "多维制导"的三个重要环节：从不同侧面和视角搜寻各种设计信息，找出"多维制导"必须抓住的核心创意和要素；

6. 合乎情理地控制好建筑理性和建筑情感的融入，乃是自在生成"多维制导"运作的证据所在。

我体会，把"建筑美学思维的理论成果"转化为创作设计的"软实力"的结果，实质上，在很大程度上，体现在形成自己的建筑思维语言和建筑形式语言上。因此我对布总提出的"多维制导"成为"软实力"的机制十分感兴趣，正在进一步学习领会之中，不知这一理念准确与否？

这里还想说几句学习斯克鲁顿《建筑美学》论文的体会，因为他与布总的观点颇有"英雄所见略同"的感觉，十分值得参考。

这个话题先是读了王贵祥教授论文后重读斯克鲁顿《建筑美学》论文的一点儿感想，用微信向王教授的"建筑美的哲学思辨——读斯克鲁顿的《建筑美学》"请教也向各位请教。

建筑本质（笔者原小标题，下同）

感谢王贵祥教授的大作（王贵祥：建筑美的哲学思辨——读斯克鲁顿的《建筑美学》[J].《建筑学报》. 2004（10）：82-83），提醒我重读斯克鲁顿（R. Scruton）的美学论文《建筑美学》，深受启发。

他指出的，建筑本质的七个特性：实用性、地区性、总体效果性、科学技术性、公共生活性、政治性，以及美学鉴赏性的理性自觉性。

这不正是环境艺术与科学的本质特征吗？

斯氏于1977年，即40多年前，提出此观点比1981年第14届国际建筑协会大会发出的《华沙建筑师宣言》还早4年，能有此高论是了不起的贡献吧？请教。

总之，我感觉大作《建筑美学思维和创作智谋》，在某种程度上，是一次"用美学思维检验建筑师的建筑思维语言／形式语言"，探索建筑美学理论与实践的成功之举。可喜可贺！

启迪几代建筑大师的哲学家

——读《建筑师解读海德格尔》

　　翻开《建筑师解读海德格尔》这本小书（［英］亚丁·沙尔著，类延辉　王琦　译，中国建筑工业出版社，2017年1月第一版），则发现中国建筑师、建筑界对于这位启迪了几代建筑大师的哲学家了解得太少、太晚、太肤浅。似乎只记得一句话"人诗意的栖居"，因此更感到出版这套"写给建筑师的思想读本"的重要性，它及时地满足我们的迫切需求。

　　看一看受到海德格尔启迪的建筑师或建筑人的名单，就有如雷贯耳之感：阿尔瓦·阿尔托（1898-1976年，第一代现代主义建筑大师，四代表之一）、克里斯托芬·亚历山大（著有《建筑模式语言》，1977年）、诺伯特·舒尔茨（著有《场所精神》，1980年），彼得·卒姆托（2009年普利兹克建筑奖获得者、瓦尔斯山区温泉浴所设计人），还有汉斯·夏隆（1893-1972年，柏林爱乐音乐厅及德国国家图书馆后期设计师）等许多建筑界内外的专家学者。

　　作者在开篇的绪论中说，"简而言之，海德格尔的建筑论具有以下显著特点：特殊的，道德观，强调人类存在与居住的价值，理所当然的神秘主义，乡愁倾向，突出限制科学技术的应用。"

　　该书重点解读的是1950—1951年海德格尔的三篇文章，即1950年6月6日在巴伐利亚艺术协会的演讲《物》、1951年5月5日在达姆施塔特的"人与空间"专题会议上作的题为《筑·居·思》的演讲，以及10月6日在比勒欧作的题为《……人诗意的栖居》的演讲。上述名单中的人多为曾在现场聆听了海德格尔的演讲，并参与了一些讨论。其影响已明显地反映到他们后来的设计作品或学术著作之中。

　　读此书才知道早在公元前4世纪，亚里士多德就认为场所可以被看作一个容器。海德格尔受此影响，认为器皿（建筑），不是抽象的物体，而是自身的"物"，具有"自我支撑性……独立性"。建筑物更多的是使人们能够定居的"物"，而不是抽象的物体。建筑的形式可以反映人们的精神特质及理念。通过建筑物的细部设计，也可以读出人们的愿望和理想。

他认为，建筑作为"物"之所以与众不同，主要是因为，人们与它之间具有物质和智力方面的联系。"物"是通过使用来获得特性的，他可以用来容纳什么？他又是如何把人类与周围世界联系起来的。

"物"不是一个抽象范畴，而是人类的一部分，在人们努力思考之前它早已存在，由此他发展了他的建筑观，认为器皿（建筑）把天地统一起来，倾倒出的赠礼似乎是象征着凡人的生命与神灵（上帝），地、天、神和凡人四者，以不同的方式各自栖居，可整合成一种单一的、四重的、与所处的周围环境适应的"栖居建筑状态"。因此，我们若不知道海氏所谓"人的诗意栖居"是指"四重"的，那则大大地偏离了海德格尔说这话的原意。

在《筑·居·思》一文中，他主要讲两个问题："去栖居意味着什么？"和"筑造如何归属于栖居？"他说，"居是介于个体和世界之间的一处宁静的住所，通过实有的'四重'条件筑构成一个整体。"他认为，若不是优先考虑那些自己制造并居住在场所的人们，而是优先考虑美学是不对的。建筑不仅是学的问题，更为重要的是人和人的居住、筑造与使用的问题。因此，他的筑与居的观念是广义的，而不是仅仅指单一居住用的住宅。他说，"卡车司机以高速公路为家，但那儿并没有他的居所；职业女性以纺织厂为家，但是那并不是她们的寓所；总工程师以发电站为家，但他并不居住在那里。"高速公路、纺织厂、发电站"这些建筑物可以容纳人们，人们可以待在里面，但不能在里面居住。""即便如此，这些建筑物属于我们的居住范围之内，该领域范围可以延伸到这些建筑物中，而不仅限于居住场所。"如此可见，海德格尔的"诗意栖居"内涵是何等的丰富与深厚，那绝不仅仅是建造一些有诗情画意的居住场所的问题。

另外，海德格尔认为对餐桌的使用也是栖居的一部分，人们与餐桌的互动，构成了"筑造"与"栖居"的观点也是十分深刻的，对我们有所启发。

他认为"筑造"与"栖居"曾经存在直接联系关系，是因为专业人员作为特权阶级使此两者分离了，"这才是当前世界上所面临的最重要的困境，而非对大量住房建设的需求是困境。"显然，该书提出与思考许多有关这类问题确实仍然值得我们认真地阅读与思考。

书尾有一个令人期待的信息告诉读者，这套"给建筑师的思想家读本"共8册，还有7本对思想家的解读，包括对福柯、德里达、古德曼、伊里加雷、伽达默尔、布迪厄、本雅明的解读。从《建筑师解读海德格尔》这一本已能体会到，这套书的作者和出版者真是在做一件功德无量的好事。

Chapter 2
／环境艺术篇／

保存、保护、发展

——城市发展建设的原则链

如何搞好城市文化研究，建设有中国特色的现代城市，走出中国自己的城市道路来，这是我们经常思考的问题。

什么是城市文化？

一切与城市有关的文化都是城市文化。

城市文化是城市的灵魂和导向。有正确的城市文化，城市化才能健康地发展。城市文化是先进文化、环境文化、生活文化，从文化的角度看，所谓城市化就是城市文化、经济、社会、道德等各个方面生长、发展、完善、传播的过程。

改革开放20年的实践和城市科学理论的研究，使人们对城市的性质、作用、特点、发展规律的认识有了很大提高。人们开始认识到，城市是科学、艺术、文化、经济、社会的综合体，是十分复杂的巨系统。城市不仅是经济载体、经济中心，而且是文化中心、社区中心、信息中心……

正在向全面小康社会迈进的中国，在城市发展建设上表现出许多新的趋势、新的特点。

这突出表现在：城市化速度空前加快；城市由数量、空间大扩展的阶段转入提高内涵、追求质量、品位、文化的新阶段；城市由单一城市的发展转向城乡协调、经济社会兼顾的区域性发展；城市由大拆大建的粗放开发转入保护自然生态环境资源和历史文化遗产文物的文明开发。按目前每年城市数量增加百分之十的城市化进程速度，2020年我国将出现上千个城市。同时，现有的2万多个镇也正在合并，如温州现有的镇正由几万人扩大到20多万人，它们都可能发展成未来的小城市和中等城市。

展望前景，未来5～10年，中国城市将由初级化向高级化转变，将由一般性向特殊性转向，将由战术性向战略性转型。

在这关键时期，我们必须从中长期的战略的高度，确立城市核心战略思想和整体战略布局。拓展城市功能，完善城市形态，以提升城市竞争力为重点，全面构筑和打造城市价值链体系。

如何全面构筑和打造城市价值链体系，我认为，"保存—保护—发展"是城市建设中始终要贯彻的原则链。

"保存"是指妥善保存城市的历史文化遗产；

"保护"是指科学保护城市的自然环境生态资源；

"发展"是指全面发展城市，真正为市民提供高品质的生活环境，把城市建设成市民安居乐业的现代城市。

在这个原则链中，"发展"是硬道理，是终极目标，"保存"和"保护"是发展的基础。没有"发展"，"保存"和"保护"便失去存在的价值，没有"保存"和"保护"就不能保证"发展"，就不能保证城市传统文脉的延续，不能保证自然环境生态资源的平衡。

因此，保存、保护和发展这三个方面既是辩证统一的，又是缺一不可的。

在这里我想强调的是：在贯彻保存、保护和发展这个城市的原则链问题上，正确处理好"全球化""地域化"和"民族化"这三者的关系是关键。

这就是我们经常说的"三化"问题。

我为什么要强调这个问题呢？因为我们有些人处理不好全球化、地域化、民族化这三者的关系，这突出表现在近年来城市建设中常常出现的两种倾向。一种倾向是，不顾城市的具体条件，不讲地域特色、民族特色，盲目抄袭模仿外国大城市的建设模式，搞大马路、大广场、大立交桥和超高层建筑，使许多地方出现千城一面的现象。

另一种倾向是，过于强调地域化和民族化，片面理解"越是民族的，越是世界的"，在城市建设上排斥所谓"西化"的东西，固守旧形式和旧做法，阻碍了城市现代化水平的提高。

城市的发展变迁是在全球化、地域化、民族化的背景下发生的。全球化、地域化、民族化这三者也不是对立的，是辩证统一的，相互促进的。

从某种意义上讲，全球化常常是带有普遍性的东西，它往往体现时代特征，是先进的、科学的、容易被人们接受的。

城市发展史表明，城市经历了农业城市、手工业城市、工业城市、后工业城市到现在的信息城市、数字城市，这在世界上是普遍规律。

我国的城市化处于初级阶段，补工业城市的课，出现"千城一面""千篇一律"。这种"千城一面""千篇一律"，不全是负面的东西，它们的趋同符合规律，在城市化初级阶段有其必然性。因为，首先要解决"有"和"无"的问题，进行基础设施建设，改善投资环境。

地域化、民族化则常常是带有特殊性的东西，它体现了每个国家、地区自身特有的历史地理情况、特有的生活习惯和特有的审美需求，是很具体的、很细致的。地域化、民族化更具体地体现以人为本，满足有血、有肉、有性格、有特点的人的需求。

全球化的东西要想在世界各地生根和发展，被当地人接受，往往需要经过地域化、民族化的过程，需要与当地的历史地理、社会人文条件相结合。古代是这样，现代也是这样。如以薯片、芯片、大片为代表的所谓"三片"文化风行世界，如已经进入中国市场的肯德基，为了迎合中国人的口味开始做中餐，都是这样。

中国城市的发展建设，盲目全球化是不行的，拒绝全球化只搞地域化、民族化也是不行的，必须全球化和地域化、民族化并重，让它们相互促进。我们需要从内容上、功能上、整体上把这"三化"很好地结合起来，使中国的城市和建筑达到既有全球化水平又有中国的地域特色、民族特色的佳境。

城市文化本质上是环境文化，城市真正的科学基础要讲环境。

1981年，国际建筑师协会第十四次世界建筑师大会通过的"华沙宣言"明确指出："建筑学是为人类建立生存环境的综合的艺术和科学。"它强调了城市的本质是环境——自然生态环境、社会人文环境、经济开发环境、人类聚居环境等等。

因此，我们必须从环境整体上思考研究城市、设计城市、经营城市和发展城市。

实际上，自古国人的环境意识是很强的，很重视人和自然的和谐，只是没有运用环境（environment）这个术语。明代学者文震亨早在400年前就憧憬着居住环境应当达到"三忘"境界，即"居之者忘老，寓之者忘归，游之者忘倦"。这也是老百姓千百年来对居住环境、城市环境的期望。

随着人们环境意识的加强，环境设计、城市设计、景观设计、室内设计等等改善环境质量、提高环境品位的学科不断涌现出来了，但是，在这些方面，我们仅仅只是起步阶段。

中央提出用科学发展观指导我们的工作。这些原则是城市工作包括城市理论研究的重点。

不久前，由北京国际城市发展研究院编制的《中国城市"十一五"核心问题研究报告》，是迄今国内首部系统研究城市"十一五"核心问题的科研成果。报告提出用四个核心理念指导城市"十一五"规划。这四个核心理念是：以科学发展观统领规划编制工作；优化空间、优化产业结构、优化发展环境；统筹城乡发展和优先发展社会事业；推进政府改革。

——原载《重庆建筑》2005年05期

保存、保护、发展

——《西安於我》新书座谈会上的发言

这里我想讲三点：祝贺、感想、期望。

祝贺：和红星先生的《西安於我》这部煌煌九本的大作问世值得祝贺。我很同意宋春华先生在前言中所讲的四句话——对西安建设思想、建设成果的系统回顾；对当前城市建设工作的阶段性总结；对未来的美好展望；对规划设计工作有所启迪和借鉴。单霁翔先生称该书是"有博大的文化视野的著作"。

感想：文化瑰宝城市西安是全世界的西安，世界上没有第二个西安！

因此《西安於我》一书对于西安的生长历程、足迹和经验的记录与研究是非常宝贵的贡献。特别值得首都北京等历史悠久的城市在规划设计建设中加以借鉴。

所谓借鉴就是照镜子。照镜子既要审美更要审丑，不能因为审美而自我感觉过于良好，而要经过审丑能够吸取教训改正错误，真正在今后的实践中有所前进。总之，在这一点上西安和北京等文明古城一样，其城市规划设计建设做好了功德无量！做得不好将是千古罪人！

期望：鉴于时间很紧，这里只想讲六个字三个关键词——保存、保护、发展。期望能把"保存、保护、发展"这三个关键词体现在未来的西安建设与规划之中！

"保存、保护"这前四个字，是发展建设的基础和前提，是发展建设与规划设计的起点。如果说"发展是硬道理"，那么在城市发展和建设中保存和保护应当是"硬中之硬"。

先有生存，然后才能发展，这是再普通不过的道理。能在规划建设之前做好保存保护，比从大拆大建开始要困难多了！但是，我们不能再从零开始大拆大建了！我们为此付出的代价太惨重了（包括环境的、生态的、资源的、人文历史文物等等方面的惨重损失太大了）！

城市建设与规划没有零起点。城市建设与规划设计是"接着说"的事情，要接这个已有的基础——包括自然生态的、历史文物的、建成区设施、已有建筑物、已有的人口结构组成和分布等等。

另外，我想强调一点：不能一讲西安就只讲它的古文化、古城，如今的西安作为文化古城只是它一方面属性，西安同时还是高科技城市、现代文化水平很高的城市。西安是全国最大的航天基地，是高等教育十分集中的地方，是众多高层次现代化英才集中之地，这些当代资源是城市发展极大的内在驱动力。如何把这些纳入西安的城市建设与规划设计，是十分复杂，也是十分诱人的事情。

——原载《重庆建筑》2012年07期

关于城市规划与建设的几句话

——2009年8月15日在某市城市设计方案专家研讨会上的发言

前面各位专家和领导对三个方案发表了很多很好的意见和建议，使我学到了很多东西。我还想占几分钟讲四句话供大家参考。

第一句话，城市规划与建设不是"从零开始"，不是"想着说"而是"接着说"。也就是接着对该地区地段的现状分析说，接着对它的历史认识说，接着对该城市地区地段与其他城市、其他地区地段的比较说，接着对相关的城市规划建设建筑设计理论说。

这里的三个方案共同的不足便是，对他们所规划的地段的区位优势和局限性分析不够，从定性到定量分析都不够，所以规划建设的定性定位目的性不明确。到底这个地段应该保存什么？保护什么？开发建设什么？都认识不足。

保存—保护—发展，这是城市规划建设科学发展观的建设链。搞城市规划建设，必须从搞清思路做起。从理清需要保存什么、保护什么、开发建设什么的思路做起。是"思路管财路"，而不是单纯地"财路管思路"，理不清思路，就会跟着出钱人的思路走，随意画一通，随意建一通，搞乱了，会留下许多后遗症。

"接着说"有着时间、空间、经济、社会人文、历史的连续性值得重视。如，北京定下的两个金融中心，都是"接着说"的，一个是西城区的金融街，一个是东城区的CBD，都是"接着"长安街"说"的；上海的南京西路是南京东路的"接着说"；天津的海河金融区也是历史和现状的海河的"接着说"。

我们不能像狗熊掰玉米一样总是"从零开始"，干了很久最后只有手中剩下的一个玉米棒子。

第二句话，要作经济分析。经济是基础，没有相应的钱什么事也办不成。所以，一定要摸清这个地区地段有什么经济潜力可以开发？有什么潜力可以吸引投资？搞哪些项目可以赚钱？我们总不能干赔钱的事。这个道理很明显。但是，三个方案前期工作便缺乏这样的调查研究，搞了"双塔楼"便是"三晋文化"了？便能吸引投资了？可能没有那么简单。

第三句话，不能把生态概念理解得太狭窄了。生态概念的内涵是十分丰富和深刻的。介绍三个方案时都讲了生态，但是，似乎把生态的概念仅仅理解为绿化、种树、种草，可不是那么回事。生态问题，既包括自然生态，又有社会生态、城市生态、建筑生态、经济生态、文化生态，以及交通生态、气候生态等等内容。

城市建设与建筑的功能便是生态，城市规划与建设的目的便是建立科学的全生态城市环境体系。城市与建筑的生态设计内容是十分丰富和深刻的，我们要打开生态设计的思路和眼界，精心研究从生态角度解决问题。

城市与建筑是生态的科学与艺术。保存、保护、建设的出发点和归宿点都在"生态"二字上。我们如果没有生态的观点，就达不到现代城市科学建筑科学的水平上。比如，气候生态问题，我们是在北方的城市搞规划建设，如果室内商业街做得好就很有吸引力。

第四句话，现代办公楼的概念要更新，现在已经不是蜂窝式小隔间办公楼一统天下的时代了。三个方案的商务办公楼基本上都采用高层或超高层塔楼的形式，这不一定就适合。

刚才，有的专家讲了某某城市写字楼盖多了，卖不出去，开发商更倾向于盖商住公寓，比较有灵活性。我认为，所谓"多了""卖不出去"，很主要的是因为我们的办公楼设计哲学、设计理念落后了，赶不上市场已经发展变化了的需求。现在，人们提个笔记本电脑，在哪儿都可以办公，为什么一定要到你那个蜂窝式小隔间办公楼里去受罪呢？

从办公管理的角度看，也已经从以前的控制人力资源模式转变为人力资源的自行管理模式。真正的人才你是管不住也关不住的！要靠你把办公人才吸引到你那个办公空间、办公环境里去。所以，新一代的办公楼，或者叫数字化时代、信息化时代的办公楼设计，必须有新的设计理念和新的设计手法。

新一代办公楼的发展趋势大概有六个"更加"：使用功能上更加有综合性，内容组成上更加多元化，形式上更加多样化，内涵上更加能提高办公的创造性"生产率"，更加具有人性化、民主化，技艺上更加高科技化、艺术化。

而且，多样化、多元化后的办公环境往往也更加有个性，形式上更加独特，如已出现办公街、办公广场、办公超市等新形象。这样的办公环境本身就有娱乐休闲、文体活动空间，以及金融、商务、科研、贸易、学术交流等丰富的内容，不仅吸引办公人员，同时吸引那些准备加入这个行列和观览这类行为的人们。

总之，不能只是蜂窝式小隔间办公楼的设计思路，要有多元化、多样化办公楼设计哲学，设计出能激发人的才能和创造性的办公环境，开发建设出更加丰富多彩的办公空间、办公环境来。

另外，下面是在将谈话转换为文字后，以滨水城市的规划建设为例多说的一些话。

我国的滨水城市非常多，历史上已经形成的滨水城市有上海、天津、广州、武汉、宁波、青岛、大连、重庆等等。有些并不滨水也不滨海的城市也有向滨海滨水方向发展的趋势，如北京在建设京津塘大都会区，太原在加强汾河两岸地段的规划建设等。

过去人们对滨水城市和滨水地段的规划建设优点讲了很多好话，什么景观完整、天际线美、近水绿化生态条件好等等。但是，对其局限性、不利的缺点讲得不足。而且所谓的优点也不是绝对的，搞不好，优点反而就会变成缺点。如这次遇到已经形成的滨河西路就是个麻烦，本身是高速路还不能改动，挤得地段又长又窄，成为一大难题，使该地段区内外的交通网、商业网点科学合理的组织比较困难。

为什么历史上许多城市都是从滨水地段发展起来的呢？

看看上海外滩、广州沙面、天津海河、重庆朝天门码头的发展史便明白了。就是因为这些城市最初形成时，水路交通在发展经济社会文化上起着开路先锋的作用。水边多为空地，交通进出又方便，投资省、见效快，很快把投资人的胃口调动起来了，人口、资金、厂矿企业快速聚集，后来才修了滨河路、滨河建筑。

但是，发展到一定规模，显示出滨水环境容量的限制。现在黄浦江两岸、海河、沙面、朝天门码头等地段，几乎都出现了"进不去，出不来"的矛盾，真是"成也滨河，败也滨河"。这个历史教训是值得吸取的。

那时候谁又会想到今天水路、公路成了不利的因素呢？需要靠公交和地铁帮这类城市和地区走出困境呢？

所以说，城市规划建设上实行"接着说"可不像"照着说"那么容易，是需要创造性的工作，不能再照搬历史上已有的旧模式。前人为我们留下不少优秀遗产，也留下不少历史障碍与后患，要我们逾越，要我们创造。"接着说"不是被动的全面接受，而是主动地、有意识地在原有基础上创造新的历史。

——原载《重庆建筑》2009年10期

浅议建筑"风格"无定格

　　各种艺术风格里，建筑艺术风格与人民生活息息相关，给人们影响最大，感染力量最强，而且，风格问题是个世界性、历史性的尖端问题，200年来国内外争论不休、众说纷纭。中华人民共和国成立后也相继有三次关于建筑艺术风格的大讨论。因此，"风格"是一个必须研究而一时又难理清头绪的复杂问题。但是，唯其这个问题复杂和困难，才成为艺术家、科学家、建筑师日夜追求，广大群众朝夕向往的目标。

　　近十年来，我国涌现出许多优秀的建筑作品，1984年和1986年又连续进行了两次全国性优秀建筑设计的评选活动。结合这些优秀建筑作品产生的实践过程和最终效果，开展建筑评论和"风格"讨论，肯定会取得更具体、更深刻的社会效益。

　　"风格"讨论中常听到各种"化"的主张。如有的同志主张中国化、民族化、地方化，并举出历史上佛塔中国化、石窟汉化的现象。但是我认为，不管有多少"化"，低文化总是要消亡的。历史的结局总是"高文化"化掉"低文化"。应当承认，中国目前建筑文化的水平是相当低的，尽管讲要"中国化"，但不会一蹴而就。目前的千"化"万"化"中，首先强调的是标志历史潮流的"现代化"，不能用古化今，也不必担心会"国际化"，充其量只是开始有些国际化的影子，不要杯弓蛇影，大惊小怪。可以说，在现代化进程中，中国建筑新风格的形成，"某种程度上的国际化，几乎是必经之路。"日本就是这么走过来的。"国际化"之所以能够"化"起来，说明它有生命力，抓住了一些本质性的东西（如现代生活功能、现代材料、结构、新的审美观点等）。所以我特别反对不加分析地反对"千篇一律"。"国际化"是一种"千篇一律"，标准化、定型化也是"千篇一律"，但这些是现代化的生产、生活，大规模建设、满足社会和群众普遍需要所必须的模式。"千篇一律"也有水平高低之分，"平均主义一刀切"是原始的、低层次的，而标准化、定型化、工业化则理所当然地应当成为今日评价"风格"的重要组成部分。建筑艺术不仅仅是视觉艺术，还是环境艺术、实用艺术，对于物质经济基础，对于人民的切肤需要更不能轻视。

　　我认为，风格无定格，风格存在于无休无止的追求之中。风格没有有无问题，只有高下、文野、古今之分。风格有它的空间、时间、社会行为、哲学概念等内涵，简单地用"中国化""民族化""地方化""个性化"或"中而新""中国的社会主义的新风格"等提法都不能全面地、准确地反映其丰富的内涵和变化的动态。既然,风格无定格,就不要定论,更不要提一种口号来统一人们的认识,最好的办法是创造条件让大家自由探索。过去,我们受"民族形式"这个幽灵之害已经不浅,应当痛定思痛,免得旧病复发。搞得不好,某种风格抢占了统治地位也会变成"魔鬼"的。我们确实面临这种危险,改革之年,我们应当重新思考,什么是"风格"?"风格"的概念是如何产生的?搞清楚了这些才好对话。目前,不仅中国,世界上许多国家不少人都以"风格"为万能词汇,遇事一言蔽之"风格"。其实,各人对于风格的理解是极不同的,每个人可能都抓住了一个点、一个角度、一个侧面。因此,极其需要综合研究、打基础的研究和分别深入的研究,包括"风格"词义本身的内涵和外延的研究,而绝不是简单地肯定哪一种或否定哪一种风格的问题。

我认为,风格是一种客观存在的美学现象,它是一定时代、一定范围、一定人群的某种美学价值观的体现,属于文化范畴。但风格又不仅局限于美学价值观念,还是时代文化的条件、要求、哲学观念的综合反映。因此又是物质和精神文化综合的反映。

风格有其发生、发展、成熟和衰亡的过程。200多年前,"风格"概念被引入艺术史之际(1763年),约·扬·威盖尔曼是用它来概括艺术现象的,从而第一次把纯客观描述的艺术编年史变为艺术风格史,使艺术向科学大大跨进了一步。但是,不能否认,这种概括仍然是属于经验性的,凭借美学感受进行的很模糊、很粗浅的概括,距离真正的科学定性和定量分析还有一段不小的距离。难怪历史艺术大师对"风格"都有自己的探索和感慨。

17~18世纪早期文化中,拉辛曾说:"风格是思想,是用最简练的语言表达的思想"。裴芬说:"风格就是人类自己"。乔奇说:"风格——是艺术美学认识和思维的高级阶段"。处于19~20世纪文化交界处的建筑大师勒·柯布西耶强调说:"风格是谎言","建筑艺术与各种风格毫无共同之处"。格罗皮乌斯说:"我们寻求新方法,而不是风格"。他们二位简直要革掉风格之命。当代建筑师奥·别尔则说:"风格——这首先是责任感"。……正如苏联语言学家、艺术家、科学院院士维诺格拉多夫指出:"在艺术学、文艺学和语言学方面,很难找到本身如此多义、自相矛盾的术语,如此矛盾又更带主观随意性的概念,它就是风格的术语和风格的概念"。建筑风格何尝不是如此呢?

"风格"的问题既然如此复杂,就需要我们谨慎细心地讨论和考查,不要妄作结论。而且我建议首先考查一下自己的"风格"观来自何处，是否只是主观的、一时的经验，还是有着更科学的依据？我想应当至少争取不停留在200年前写艺术史沿用的"风格"概念的水平。更忌一提"风格"只想到希腊罗马式、文艺复兴式、哥特式、巴洛克式，或者只承认现实主义、自然主义、印象派等已有的流派。风格无定格，流派就要让它"流"才成。只有贯彻"放"的精神，自己把自己从已有的"风格"框架中解放出来，建立我们当代的、科学的、准确的"风格"概念和系统，我们的讨论才会是世界水平的，甚至会引起建筑理论和创作实践上的突破。

——原载《重庆建筑》2013年05期

建筑学是生态的科学和艺术

——《生态建筑学》首发式学术座谈会上的发言

建设方面继续落后的形势，我们确实有紧迫感。

由于缺乏生态建筑学观念，缺乏科学的建筑哲学思想，近年来许许多多的建筑与城市建设行为已成为破坏环境和违反生态科学原理的行为。

我举两个例子。

1. 将具有几百年历史的环绕北京的美丽的护城河用水泥板糊底，破坏了河流河床生态，将一条活生生的生态河变成了一条死河、臭河，过不久就要挖河泥，这实在是做了一件违反自然生态规律的蠢事。

2. 北京成了世界上立交桥最多的城市，这是好事，还是坏事呢？

北京的许多道路交叉口，本来可以用平面立交方式处理，却通通用了钢筋铁骨的庞然大物——立交桥，不仅浪费了大量城市珍贵的土地，而且对北京的生态气候环境破坏十分严重。

我在1987年曾写过一篇小文《未来的世纪是生态建筑学时代》呼吁此事，并想就此题目立个自然科学基金项目，但未能如愿。面对不断出现的城乡自然环境和人文环境遭到破坏，生态不再平衡的危机，我一直期待着有一天此事会得到国家和建筑界的重视，感谢刘先觉教授和中国建筑工业出版社在这方面做了有益的工作。

从对建筑本质的认知上看，《生态建筑学》这部学术专著的问世，有着重要的科学意义和现实意义。

1. 该书标志着我国学界的建筑哲学思想提高到一个新的高度，建筑观念有了变化，即从1981年世界建筑师大会的华沙宣言水平——视建筑学为环境的科学和艺术的观念，提升到建筑学是生态的科学和艺术的观念，这是当代21世纪的建筑哲学水平。

2. 该书提示我们，建筑与城市是人类生态圈和自然生物圈的重要组成部分，建筑与城市不仅仅是人造的形体环境，还是自然生态环境的重要组成部分。

我们的老祖宗早就有着朴素的自然生态意识，主张天人合一。北京就是一个绿色城市、生态状况良好的城市，城中每一个四合院都是不错的小生态圈，城墙和护城河围绕着的北京城是环境质量很高的城市生态圈。

因此，人类再也不应该把城市与建筑只作为形式艺术或可以随意玩弄的对象了，从这个意义上说，《生态建筑学》的出版，将有助于我们宣传普及生态建筑学意识，早日走上建筑与城市科学发展之路。

——原载《重庆建筑》2009年07期

足迹、心迹与叙事

——关于叙事建筑的思考

建筑的叙事性

2017年第1期《城市、空间、设计》的"叙事建筑纵横谈"引起我极大的兴趣。因为关于"叙事建筑"的讨论，实质上是关于建筑叙事性的讨论，这种讨论突出了建筑的人文色彩。由此认为建筑师是叙事者，更加重了对建筑叙事性的关注，这种关注将会大大提高我国建筑设计以人为本的水准（过去我们的设计往往是以图式为本，忘记了该图式的"底"乃是满足人的生活与心理需求的实践和吸收历史积累的相关经验），提高我国建筑自身的生命力和艺术魅力。

笔者十分欣赏李泳征导师利姆（C. J. Lim）强调设计要"叙事"，同时又不强调风格和设计方向的观点和做法。这是一种非常开放并且很有启发性的教学法。而且这种教学法是有着扎实的事实和科学理论根据的。因为无论是何种建筑、园林、城市、居住区本身都是具有"叙事性"（narrative）的，也就是有着实实在在的实践经验的故事或科学理论根据的。

建筑、园林、城市、居住区都是人类生活、工作、社会故事发生的舞台和场所，是满足人们生活、工作、社会故事的发生地，所有的建筑和城市适应着人们的相应需要，又充满着对这些故事和事件的记忆。建筑与城市绝不可以成为任人们随意摆布的物质材料和技术的堆积，建筑设计本身就是设计人们的生活故事、社会活动故事的空间和场所的事业（包括设计防止可能发生的意外事故）。

只是因为有了太多的所谓"设计师"投机取巧抄袭已有的设计方案和图形，导致了我们不少人忘记了前人的原创性设计最初也是来源于他们的生活、工作实践和体验（experience），而并非像几位发言人所说的那样，所谓"叙事建筑的设计开始于建筑语言、图像、文字或者开始于拍电影"，而是源于生活实践的体验，正是因此才能说建筑设计中，人是"叙事者"。因此，这个讨论如果仅仅局限于"叙事建筑"这个概念就迷失了方向。

即使发言者所列举的教堂和园林这类建筑实例，也是先有故事后有建筑的，在教堂和园林中展示设计者编造的人流、物流、信息流路线和空间环境形象，它们满足着使用者的生理和心理需求——这里简称为满足"足迹"和"心迹"的需求。如当你设计某种类型建筑或园林时不妨试一试这种从"足迹"（footprint）和"心迹"（ideaprint）开始思考设计的做法：在已有的同类建筑中从头到尾走一遍，体验一下建筑主人的使用需求和具体感受建筑的情况，寻找到相关的故事后，你便会有所"叙事"了。

至于讨论中提出的4种方法，即从建筑语言开始、从建筑图像开始、从文字开始或从拍电影开始的设计方法，笔者认为，这些可能属于间接从"足迹"和"心迹"开始的方法，容易走冤枉路。如果在没搞清前人为什么用这种语言和图像的情况下就盲目套用前人的成果尤其让人担心。特别是，那种勉强找一个小故事，让建筑迁就它表现它，或者在没有电影脚本的情况下便开始拍电影更可怕，难道这样做能够符合"适用、经济、绿色、美观"的原则（2015年12月召开中央城市工作会议后颁发的"若干意见"中修订的建筑方针）吗？很值得思考。"适用、经济、绿色、美观"本身就有许多故事，需要在建筑中"叙事"。

以上主要就"足迹""心迹""叙事""体验"4个关键词作了些说明，下面结合实例就建筑设计从哪里起步谈点看法，参与"叙事"的讨论求教于同道。

1．足迹是心迹的可见形象

俗话说"人心隔肚皮"，意思是说要了解一个人心里想什么和怎么想是很不容易的一件事。

建筑设计师开始设计工作前，首先必须了解建筑的使用者对建筑的生理需要和心理需求，才能有正确的设计思路。既然"足迹是心迹的可见形象"，它能提供人们思路的踪迹和走向，从足迹和心迹开始思考设计，将对设计师很有启发设计灵感的作用，因此受到了古今中外聪明的设计者的重视。

2．设计从哪里开始？

这是每个从事建筑设计的人都会遇到的问题，会有各自不同的思路和做法：有的人会在屋子里冥思苦想，有的人去现场调查实际环境情况，有的人找使用者聊天详细了解业主的使用要求，还有不少人到图书馆、书店查找有关资料，或者为了省事干脆抄一个现成的方案做"山寨版"设计……

3．建筑大师们从哪里开始设计思考呢？

现代主义建筑设计大师格罗皮乌斯1955年做美国加利福尼亚州迪士尼乐园路线设计的故事对我们会有所启发。

当格罗皮乌斯将园内47.6公顷的主体建筑完成，并且经过三年施工全部竣工后，他在设计连接各个景点的路径时"卡了壳"。他苦思冥想地设计出了50多种路线设计方案，却没有一种能让他感到满意。迪士尼乐园为了早日赚钱，天天打电话催格罗皮乌斯尽快拿出迪士尼乐园路线设计方案来。

心烦意乱的格罗皮乌斯正好赶上参加在法国举行的一次庆典活动，顺便到郊外散心，进了一位老妇人的葡萄园，看到游客踩踏出来的路径深受启发：路是给人走的，人们最喜欢最经常走的，就是最佳路线。

格罗皮乌斯赶回国内，把最新的路径设计方案交给施工部。他的路径设计方案就是：在乐园空地上撒下草种，等小草发芽整个乐园被绿草覆盖时，再提前开放乐园。在乐园提前开放的日子，草地被游客们踩出许多条小路，格罗皮乌斯让施工人员按照这些踩出的路径铺好，形成有宽有窄、自然天成、优美流畅、深受游客喜爱的路径。1971年，在伦敦国际园林建筑艺术研讨会上，迪士尼乐园路径设计被评为世界最佳设计。

与格罗皮乌斯几乎同时代的后现代主义建筑大师菲利普·约翰逊对"您的设计从哪里开始"这个问题，有着异曲同工的答案。他明确指出，设计要从足迹（footprint）开始。意思是要人们从体验使用者进入建筑的足迹的生理需求和心理需求开始思考，设身处地地满足使用者需要，才可能有好的建筑艺术作品诞生。

其实，放眼中外古今杰出的建筑师、园林师都十分重视脚底板的感觉。如400年前中国明代的学者文震亨就提出做"三忘"设计的标准，即让"居之者忘老，寓之者忘归，游之者忘倦"，这不正是从足迹开始设计的"诗意栖居"的园林境界吗？

又如当今的中国工程院院士、清华大学教授关肇邺先生，20世纪90年代设计清华大学新图书馆时，念念不忘清华师生在老图书馆北面草地上留下的足迹，专门在新馆设了北入口，为师生迫不及待地捷足先登入馆提供条件。

4. 文学艺术大师眼中的足迹与心迹

文学艺术界的大师于建筑设计界以外也是一样十分重视脚印和思路的土壤联系。

大文豪鲁迅很早就注意到"地上本没有路，走的人多了，也便成了路"。

词曲作家阎肃先生在构思《敢问路在何方》这首歌的歌词时，不正是看到他踩在地毯上的白足迹而想到鲁迅这句话才得到的灵感吗？因此，凡遇设计创新或创业的时候，非常有必要先看看自己和别人成功或者失败的脚印和与脚印相关的思路，会很有好处的。

古人不是说"失败是成功之母"嘛？因此，不能只关注儿子孙子而忘掉"母亲"这个成功的基石。关注失败的足迹和失败的心迹有时可能更为重要。

——原载《重庆建筑》2019年09期

论纪念性建筑

一、为什么要研究纪念性建筑

纪念性建筑具有传承历史文化的作用。纪念性建筑是城市历史文化遗产中的主要组成部分。许多历史悠久的纪念性建筑已经成为所在城市的重要标志和重要文物。

保存城市的历史文化遗产，保护城市的自然环境资源，提高城市社会与经济发展水平，向市民提供高品质的生活环境，这是城市发展和形成城市特色必须贯彻的三个基本原则。纪念性建筑在此有着重要地位。

我国是历史悠久的文明古国，遗存的历史文物建筑极多，其中很多文物建筑就是纪念性建筑。因此，我国保护历史文物建筑的任务极重，研究、学习、把握有关纪念性建筑设计的问题，已经成为目前的普遍需求。

在我国迎奥运和实施历史文化名城保护规划的形势下，纪念性建筑的研究更有其现实性和迫切性。如，各地历史文物建筑保护工程和纪念性建筑的建设量不断增加，像北京永定门城楼复建、上海新天地改造、哈尔滨大教堂修复、西安大雁塔广场建设等都属于这类工程。

另外，纪念性建筑的设计比较其他的建筑更需要有哲理性和思想性，设计难度更大，这也是需要专门研究纪念性建筑类型的原因。

二、什么是纪念性建筑？

《美国建筑百科全书》的monument词条写道："纪念性建筑是为纪念某人或某个事件而矗立起的房屋或其他结构物，有时是为了标志一个自然地理特点或者历史遗址而建。纪念性建筑可能是一个简单的墓碑，也可能是热彼德城（Rapid City）布莱克山的拉什莫尔（Rushmoore）主峰上那巨大的雕刻（指高达60英尺的华盛顿、杰弗逊、林肯和罗斯福四位总统的巨型头像，1930—1937年建，雕刻家为格曾·博格勒姆，Gutzon Borglum——笔者注）。少量纪念性建筑有功能目的，而绝大多数则纯粹出于象征目的"。

纪念性建筑是建筑创作中的尖端产品，是建筑艺术中的诗篇，它常常会成为文物建筑。真正值得推崇的纪念性建筑作品屈指可数，它们的创作难度很大，非具有深厚的文化修养和高超的艺术技巧及特有的创作激情的建筑师，是很难设计好纪念性建筑的。

《中国大百科全书》只收入了我国三个纪念性建筑——南京中山陵、北京人民英雄纪念碑、毛主席纪念堂。

三、纪念性建筑的历史沿革

纪念性建筑有着悠久的历史。

人类幼年时期便建造了许多纪念性建筑。

最有名的史前纪念性建筑——巨石建筑（megaliths），或由许多巨大的石头组成，或由单独的石头做成，被叫做巨石圈或石碑。

公元前2800—2600年，人类在中东和埃及建造了金字塔（pyramid）、方尖碑（obelisk）、纪念柱（pillar）等纪念性建筑。有的纪念性建筑从建成起就闻名世界，如体量巨大、富丽堂皇的泰姬·玛哈尔陵（1653年建）、吉萨金字塔（公元前28—26世纪建）。

古代罗马人也建造了许多包括圆柱、陵墓、凯旋门、神庙等巨大的纪念性建筑。

中国古代的纪念性建筑数量众多，分布面广。如山东泰山的秦代李斯篆书刻石、陕西茂陵的汉代霍去病墓、山东曲阜的孔庙、山西解州的关帝庙、陕西黄陵的黄帝陵、浙江绍兴的禹陵及禹庙、四川成都的武侯祠和杜甫草堂、安徽合肥的包公祠和采石矶的太白楼等。

许多古代的纪念性建筑至今仍然保存着。

近代和现代的纪念性建筑，在纪念观念、纪念对象、纪念方式和纪念环境的空间形式设计上都有所进步。如19世纪末20世纪初，为纪念意大利统一而建的伊曼纽尔二世纪念碑（又称祖国祭坛），是由柱廊、骑马铜像、无名英雄墓、喷水池、高大台阶和许多雕像组成的雄伟壮丽的纪念性建筑的综合体。

当代很多纪念性建筑更加重视寓意和象征，常常不再追求高大的体量、恢宏的规模，形式趋于简括抽象。如建于美国首都华盛顿的越南战争军人纪念碑，伏在地上的黑色大理石碑体呈汉字"人"的形状，高不过3—6米，两翼各长66米，却有着巨大的震撼人心的纪念效果。

目前世界上最高的纪念碑高达210米，是美国圣路易斯城的杰弗逊纪念碑。

四、纪念性建筑的类型及功能要求

笔者将纪念性建筑分为人物型、事件型、自然景观型、历史遗址型、混合型或综合型五种类型。

1. 人物型纪念性建筑。这种类型是最古老、最普遍运用的类型。作为纪念对象的人物可能是一个亲属也可能是一个名人，是一个被人们神化了的崇拜对象，如耶稣、孔子、黄帝等等。这种类型的建筑表达可能是墓碑、陵墓、纪念堂、纪念碑、庙、教堂、牌坊、故居、祠堂，也可能是以某人命名的图书馆、礼堂等。

2. 事件型纪念性建筑。这种类型的纪念性建筑比人物型纪念性建筑的历史要短得多，是建造较多的类型。

作为纪念对象的事件，多指具有相当影响和具有历史意义的、值得后人记取的事情，它们多数是由后人建造成的。如古代罗马为胜利归来的军队举行入城式而建造的光荣门洞——凯旋门便属于事件型纪念建筑。人们常见的自由独立纪念碑、纪念塔、解放纪念碑等，也属于事件型纪念性建筑。

3. 自然景观型纪念性建筑。这是在人们有了比较明确的造景观念后创造出的纪念性建筑类型。这表明人们的纪念观念有所发展，认识到不单世上的人和事值得纪念，好的自然景观特点也是值得纪念和渲染的。

这类纪念性建筑往往能与自然景观相映生辉，有画龙点睛的作用。中国的碑、亭、石刻和道观、寺庙、塔、台等，多属自然景观型纪念性建筑。

4. 历史遗址型纪念性建筑。人类的精神文明发展到较高水平，又有了相应的经济实力后，历史遗址型纪念性建筑才得以产生和发展。

随着人类保护历史文物、保护考古遗址意识的加强，在遗址型纪念建筑的设计和施工方面都有不少创造，有重建的，有重新设计的，有保留一部分增建一部分的，也有把毁损的部分与新建的部分组合在一起的，有的只做成象征性的屋架、拱门等符号建筑。

5. 混合型或综合型纪念性建筑。实践中的纪念性建筑常常是混合型或综合型的，常常兼有两种或多种类型的性质。如，当一个纪念性建筑既纪念人和事件，同时又处于风景名胜位置或历史遗址位置时，这个纪念性建筑就可能是混合型或综合型的。如有的故居或者纪念馆便常常是综合型的，它纪念人和事，本身又是历史遗址，因此，它是有历史遗物和历史遗留局部的纪念性建筑。

以前的纪念性建筑的功能要求一般包括收藏、陈列、标志和举行相应的纪念仪式等。现代的纪念性建筑的功能要求常常扩大到研究、会议、交流、演示、管理、经营等。因此，现代纪念性建筑的要求就不能只用以前说的"纪念性建筑的艺术性较强，一般要求庄严肃穆、典雅凝重、具有象征意义"这么几句话来概括了，它的使用流程、工艺技术、经营管理等功能要求更为复杂。

五、纪念性建筑的环境设计特征和建筑设计特征

纪念性建筑的本质特征是它的纪念性。为了实现纪念性建筑的纪念性，必须创造出有纪念性的建筑意境，设计出符合使用纪念性建筑的人的纪念行为方式、过程和心理规律的纪念性建筑环境，使人与纪念性建筑环境对话与沟通。因此，也可以这样说，最大限度地满足人的纪念行为方式、过程和心理要求是纪念性建筑的最大特点。

从心理学角度分析，纪念性建筑环境要实现与人的对话与沟通，应该在传统文化和现代文化的交汇、历史形式和现实形式的融合、纪念内容和纪念群体（或个人）思想感情的沟通以及激发纪念者想象动情和晓理等诸多方面做出努力。

纪念性建筑环境设计创作的特点是要调动一切艺术、技术、物质手段创造气氛，将历史的空间物质环境（包括符号、标志、展示内容、序列安排等）和时间（纪念对象的历史内涵、回忆、对比等内容），转移、变换为此时此刻此地此人的现实心情和直觉，达到物与人、人与物的移情效果。这些特征从中美两座纪念馆实例中可以看得比较清楚。

一座是建在中国南京的侵华日军大屠杀遇难同胞纪念馆。一座是建在美国华盛顿的纳粹大屠杀受难纪念馆。这里笔者从六个方面对这两座纪念性建筑进行比较。

两座中美纪念馆的比较

序号	比较角度	华盛顿纳粹大屠杀受难纪念馆	侵华日军南京大屠杀遇难同胞纪念馆
1	场所性质	异地纪念（自由度较大）	原址纪念（局限性较大）
2	纪念对象	一段历史（长时段、选择性强）	纪念事件（短时段、内容略狭、信息量小）
3	纪念方式	展出复制品、仿制品	展示遗存实物
4	表现重点	突出以参观人为主、引导参与、实际感受	"生"与"死"的主题、渲染气氛
5	手段	调动光、影像、电、场所等各种现代手段	采用比较传统的手法，通道、空场、雕塑等
6	设施	设怀想厅，依靠参观者自主怀想	主要依靠讲解员的解说介绍有关情况

一个纪念馆的设计优劣，纪念观念和纪念方式的确定是决定性因素，是构思的起点。

从表上可以看出：

在选择纪念对象上，中国馆以纪念事件为主，美国馆以纪念人为主。在纪念方式上，中国馆采用被动的讲解方式，用遗存的实物感染参观者；美国馆采用主动式纪念方式，用复制品和仿制品促使人自主怀想来感染参观者。在纪念手段上，中国馆以传统手段为主，美国馆以现代手段为主。

应当说，业主的指导思想对于纪念性建筑设计的优劣至关重要。在谈到华盛顿纳粹大屠杀受难纪念馆的设计构思时，馆长温伯格博士指出："这座纪念馆不像一般历史博物馆那么平静。它不是要娱乐大众，但是它会让你情绪起伏。如果这个纪念馆不能扣人心弦，我们的展览便告失败"。这段话成为该馆设计的指导思想。

对华盛顿越南战争军人纪念碑的设计构思，当时业主提了两条原则，即只对越南战争中阵亡与失踪的死难者致敬，而对这场战争的是非不抱偏见；纪念碑必须与公园内现有的纪念物（华盛顿纪念柱、林肯纪念堂、水池）取得联系和协调。现在看来，这两条要求为华盛顿越南战争军人纪念碑的设计思路奠定了极好的基础。

中国南京的侵华日军大屠杀遇难同胞纪念馆是1985年完成的，当时被认为是有所突破的纪念性建筑，曾在国内获得过多种奖项。今天看来，从设计构思上它与美国华盛顿的纳粹大屠杀受难纪念馆相比还有差距。而且，后来国内纪念性建筑新建的不少，为何难有新的突破？这些问题很值得研究。

还值得一提的是，越南战争军人纪念碑设计方案的评委会由9人组成（包括两位建筑设计师、两位风景建筑师、三位雕刻家、一位设计评论家、一位专业顾问）。由于采取多角度的综合评价方式，才能使林樱（当时她仅是一位年仅21岁的建筑系四年级学生）的设计方案从1425人的参赛方案中脱颖而出，这再次说明建筑设计方案的评选需要有科学的、综合的评价标准。

六、纪念性建筑创作的关键

把握纪念性建筑环境的直觉、经验、先验及移情，是创作纪念性建筑的关键。

1. 直觉（intuition）。直觉是未经充分逻辑推理的直观、直感，是指人的感性能力，而不是指理性能力，直觉仅在人与客体相遇的一瞬间起作用，随后便不复存在。

直觉是认识对象的直接方法，又是进行各种思维依靠的感知。因此，对于直觉的瞬间作用必须特别重视，因为它是最先发生的。

衡量人对建筑环境的直觉效果的建筑术语为"尺度"和"尺度感",这两个建筑术语对于纪念性建筑尤其重要。

2. 经验(experience)。经验是人们由实践得来的知识或技能,人们常常凭借自己的经验来审视纪念性建筑。因此,在设计纪念性建筑时要研究和运用能够引起人们共鸣的经验。

3. 先验(priori)。"先验"一词是德国主观唯心主义哲学家康德的用语。康德认为,思维形式是本来存在的,不是来自经验的,空间、时间、因果范畴也不是客观实在在意识中的反映,而是人类理智所固有的。在纪念性建筑中,我们强调"先验",目的在于强调纪念性建筑一定要有思想性,强调纪念性建筑设计者一定要有相应的想象力和构思立意,

4. 移情(empathy)。移情是美感而不是感受,移情是外射。在日常生活中常见的那种自发的拟人化,就是人感情的外射和移情。在现代的纪念性建筑中,虽然很少用拟人化的手法,但这种外射、移情的过程和原理是相同的。

纪念性建筑审美移情的特征是:人在聚精会神地观赏审美对象时,他与对象的关系发生了深刻的变化;对象不再是独立的整体存在,它被注入了生命、情感;人也不是日常生活中那个实在的人,他已排除了实用、利害关系的种种考虑,只在对象里生活,这样,人与对象没有矛盾、没有对立,对象就是人,人就是对象。二者达到了"物我两忘""物我同一"的境界。审美的移情,实际上就是在对象中欣赏它自己的感情,由"我"及"物"的物我同一。

纪念性建筑要实现时间与空间的过渡与转换,人的直觉是不可缺少的主观因素,移情和联想也起着重要作用。纪念性建筑应特别重视经验、先验、直觉和移情的关系,只有这四者相吻合时,才能达到最佳的纪念性效果。

纪念性建筑要重视空间的时间内涵,加深对空间和时间关系的认识,才能促进它们的相互转换。康德说,时间和空间是"经验的现实和先验的理想",他指出了时间和空间的经验性质和先验性质,而纪念、记忆本身便是时间的延续和发展。须知,空间里潜在着时间的表达和意义,时间里酝藏着空间的体量和尺度。这些潜在的表达和意义酝藏着的体量和尺度,又要依靠直觉和体验才能发挥。

七、我国纪念性建筑设计存在的主要问题

1. 设计遗址型纪念性建筑时,只重视新建的而轻视甚至破坏原有遗址的纪念性

环境，这种现象在我国具有相当的普遍性，这与一些人重视假古董、轻视真古董的思想根源是相同的（如绍兴鲁迅纪念馆）。

2. 在纪念对象上，只重视个体而忽视群体，只重视纪念对象而忽视从事纪念行为人或群体，只重视纪念建筑主体的形象而忽视纪念性环境和纪念气氛的营造。在纪念规模上，常犯虚张声势的毛病，只追求大尺度而忽视宜人适度的尺度。这些都反映了设计者以人为本思想的薄弱（如法国巴黎塞纳河边的自由女神雕像、南昌起义纪念碑）。

3. 在纪念内容的安排上繁琐、庞杂，在处理手法上大同小异、缺少创新，不能因人而异、因时而异、因事而异地进行创造，常常沿用旧模式，使大量的纪念性建筑一般化或千篇一律。

4. 纪念性建筑的设计版权、规模、规格以及立项等方面，管理和审查制度混乱，似乎谁都可以设计纪念性建筑，什么地方、什么部门都可以建造纪念性建筑。有的地方甚至对遗址型纪念性建筑添加许多以盈利为目的、设计施工水平又不高的附加物。有的地方只要有钱，祖坟都可以建得规模很大、规格很高，占用很多土地，这些都是不适当的（如南宁烈士纪念碑）。

5. 缺乏科学公正的建筑评论是我国纪念性建筑设计水平提高不快的重要原因之一。

目前我国成功的纪念性建筑可谓凤毛麟角，我们应当正视这一事实，我们期望有更多更好的纪念性建筑问世。

八、加强纪念性建筑的理论研究

国内外关于纪念性建筑的理论研究工作薄弱，这方面的学术专著不多。

这里介绍谭垣、吕典雅、朱谋隆三位先生合著的《纪念性建筑》一书。该书从哲学观念、设计构思上评论纪念性建筑实例，指出了目前在纪念性建筑的设计与建造方面存在的主要问题，是研究纪念性建筑很有价值的参考书。

书中指出，有些纪念性遗址、遗迹，不重视保护历史的本来面貌，而是大兴土木，在遗址旁边建造硕大的陈列馆，使遗址、遗迹面目全非。该书作者认为，纪念性建筑的纪念内容要集中、精炼和具有典型性，不宜繁琐和一般化。该书提出，纪念建筑的象征涵义必须与适当的形象效果紧密结合起来，才能打开纪念性建筑通往人们心灵的大门。对于一些不甚成功，甚至失败的纪念性建筑实例，该书作者做了大胆准确的评论，十分难得。

　　我赞同该书作者对纪念性建筑的深刻见解,"纪念性建筑隶属于一定的哲学范畴",
"纪念性建筑是最难设计的,它的难度不在技术,而在于思想性,在于哲学。"

——原载《中国工程科学》2005,7(2)2

Chapter **3**

/ 钱学森学篇 /

与钱老弥足珍贵的文字之交

　　惊闻杰出科学家钱学森先生辞世，我感到万分悲痛，在不尽的哀思中回忆起与钱老弥足珍贵的文字之交，写下这篇小文纪念钱老。

　　我与钱老，自1986～2000年的15年间，共通信56封。其内容主要是对有关山水城市、建筑理论、建筑哲学、建筑文化等问题的讨论。

　　1987年4月30日，我把我发表在《世界建筑》上的拙文《新时期中国建筑文化的特征》寄钱老请教，同时请钱老对建筑文化写点意见。钱老5月4日即给我回了信，谈了他的具体看法，这是钱老给我的第二封信。从此我们之间有了长达15年的文字之交。像钱老这样的大科学家，能够亲自动手给我回信，使我很受鼓舞和教益。

　　与钱老的书信往还内容是丰富多彩的。钱老的信中既有科学技术、哲学、文学艺术等内容，也有科学思想、科学精神、科学方法以及学术民主意识的内容，钱老言简意深的书信给我留下深刻的印象和珍贵的启迪。每次收到钱老的来信，我都会反复地阅读、思考，同时也认真学习他随信寄来的资料。

　　有一次因为我信中的内容竟与钱老的想法"不谋而合"，得到了钱老的鼓励，他说，"你在信中谈了信息体系，很好。我在这几年也一直宣传现代科学技术的体系，与你不谋而合！"随此信还寄来了《论述钱学森有关科技革命与社会革命》的论文，使我兴奋了好几天。

　　钱老的点拨常常使我对有些百思不得其解的建筑理论问题茅塞顿开，思想理论得以升华。如，钱老看到我主编的《奔向21世纪的中国城市——城市科学纵横谈》一书后，于1992年10月2日复信中提到，中外文化的有机结合、城市园林与城市森林的有机结合的"21世纪的社会主义中国城市的模型"，使我对有关未来城市的思考更加深刻，在此思考的基础上，我写了"关于城镇规划与建设优化的思考"寄去请教，钱老复信说"您的文章是一篇高层次的作品，实是讲建筑哲学，"他问道，"我们高等院校的建筑专业有这门建筑哲学课吗？"在钱老的提醒下，建筑院校的大学开设了建筑哲学课，填补了我们在建筑教育和建筑学术研究上的盲点。

　　在通信中，钱老曾经多次帮我修改书信文章和调整思路。其中最为难忘的一次是他修改的《哲学·建筑·民主——会见鲍世行、顾孟潮、吴小亚时讲的一些意见》一文。全文不过3000字，11个自然段，当时钱老已是85岁高龄，但从文章的标题、标点符号、错别字以及几乎新写的一小段文字，他都字斟句酌地认真修改，多达245处。在修改审定稿的信中他还特别郑重地嘱咐我说："这是试探，不是结论。"这些体现出的钱老的科学精神和民主意识，都使人难以忘怀。

钱老，您对我的教导将成为我深入学习建筑科学发展观的持久动力。我相信将会有更多的人学习您的建立建筑科学大部门的建筑科学技术体系，完成这个伟大的任务，沿着您所开拓的建筑科学发展道路前进！

钱老，我将永远怀念您！

——原载《重庆建筑》2009年第11期

钱学森的建筑科学发展观

钱学森昨日在北京病逝，国人哀恸，北京的深秋飘起了鹅毛大雪，天公似乎也在为一代大师的离去而落泪。

"在他的心里，科学最重，名利最轻。"

"他留给我们的除了成果，还有精神，这是我们永久的财富。"

人们以各自不同的方式，悼念这位曾改变中国科技命运的大家。

钱学森是大科学时代众多科学技术领域的领军奇才，他不仅是"航天之父""导弹之王"，在航天、火箭等高科技领域作出了杰出的贡献，而且在关系国计民生的建筑科学技术领域作出了开拓性的贡献，在20世纪的建筑科学发展史上，书写了他的精彩华章。

钱学森建筑科学思想的内涵十分丰富，主要包括建筑、园林和城市三个学科，同时他又把建筑科学分成两个层次，即将城市科学纳入"宏观建筑"（Macroarchitectuer）层次，将建筑纳入"微观建筑"（Microarchitectuer）层次。

钱学森明确地为建筑科学大部门定了位，为建筑科学体系定了位，为建筑科学构想了一种未来城市发展模式——山水城市，为建筑科学确立了建筑哲学、城市学、园林学三个领头学科。

钱学森建筑科学思想是他潜心研究、总结前人实践经验凝聚而成的。在这一建筑科学思想形成的过程中，甚至那些看起来与建筑关系不大的学科都在他认真研究之列（如环境科学、环境心理学、生态学、语言学、社会学、技术美学、人体工程学、行为科学、图式理论等），都有他独到的思考和见解。

钱学森建筑科学思想是钱学森在20世纪大量新学科涌现出来、建筑科学长足前进的形势下，集大成深化提炼而成的科学思想。它来源于钱学森系统思想。钱学森系统思想是钱学森建筑科学理论的核心。

钱学森系统思想认为，建筑科学的对象是一个具有复杂性、开放性和大科学性质的开放的复杂巨系统（Open Complex Giant System），从这一观点出发，钱学森认为，研究建筑科学不能用还原论的思想，而要用还原论和整体论相结合的系统论的思想。钱学森提出的从定性到定量、综合研讨厅体系（Hall for Workshop of Metasynthtic Enggineering），是解开建筑科学这个开放的复杂巨系统的金钥匙。

钱学森关于建筑科学的研究对象是开放的复杂巨系统的思想，是研究钱学森建筑科学发展观的思想源头，也是我们研究建筑科学的"开源、发流、探微、创新的思想源头"。它改变了建筑科学这个古老学科曾长期徘徊不前的局面，使建筑科学技术大大地向广度和深度发展。

钱学森建筑科学思想是根深叶茂、郁郁葱葱的森林，它是品质极优、含金量极高的富矿，它是宽广、深厚、丰富的思想洪流。我们在怀念钱学森的离去时，会追念他科学的一生，会牢记他对我们的教导：

"建筑是科学的艺术，也是艺术的科学，所以搞建筑是了不起的，这是伟大的任务。"——钱学森曾热情地激励我们。

"我们中国人要把这个搞清楚了，也是对人类的贡献。"——钱学森曾殷切地期待我们。

——原载《重庆建筑》2009年11期

值得认真学习和传播的科学思想

　　学习和传播钱学森建筑科学思想，是很有深远的理论意义和现实作用的。我们编著《钱学森建筑科学思想探微》一书，就是为了吸引更多的同道，认真学习研究与传播普及钱学森建筑科学思想。这一努力得到了中国建筑工业出版社的鼎力支持，得到各位专家及各界人士的首肯和支持，我深表感谢。

　　目前普遍存在的问题是，轻视科学理论在建筑实践中的指导作用，忙于操作，忙于赚钱，疏于思考，更缺乏科学思想。另一个较普遍的问题是，城市建设与建筑实践中，轻视城市与建筑的人性化、社会化和多元化特征，千篇一律，统一模式，主观盲目追求上规模上数量，不能保证建筑的质量、品位和品格。《钱学森建筑科学思想探微》一书正是针对迫切需要解决这些问题而编著的。

　　钱学森建筑科学思想的核心是系统思想，它提出建筑科学的研究主要对象是一个具有复杂性、开放性和大科学性质的开放的系统，强调研究建筑科学不能用还原论思想，而是要用还原论和整体论相结合的系统论思想。建筑科学是跨了艺术和人文社会科学自然科学之间的大科学部门，需要有科学的建筑哲学思想作为建筑实践的指导思想。钱学森建筑科学思想集中体现在建筑科学定位定性理论、山水城市理论构想、城市学理论、建筑哲学思想和园林学等五个方面。目前研究普及工作有了好的开端，但任重道远，尚需继续努力。寄希望于更多的有识之士，把这一有意义的事情继续下去。

——原载《重庆建筑》2009年07期

钱学森的三次学业危机

——读《钱学森年谱（初编）》偶记之一

近日读《钱学森年谱（初编）》（霍有光编著2011年12月西安交通大学出版社出版发行）。这是一部全景式反映钱老一生翔实的集大成的史料文集。全书970页，约150万字。该书对于了解钱学森先生科学思想、理论研究、学术品格、道德风范，均有提纲挈领的引领导读作用，做出了历史性的贡献。读此书还能了解到许多鲜为人知的人和事。

20世纪30年代，钱学森曾有过三次学业危机。

第一次学业危机发生在1934年。

1934年，钱学森考清华大学留美公费生的成绩很不理想。不知为何向来擅长数学的钱学森竟然数学考试成绩不及格，其他成绩也不理想，但"航空工程"却得了87分的高分。

叶企孙教授是钱学森的伯乐，在钱学森这次学业危机时刻起了十分关键的作用。当时清华大学负责招生选派留学生的正是叶企孙教授，时任物理学院院长和特种研究所主席，长期主管清华庚款留学基金，对于每年选派留美公费生工作格外认真。当他发现了钱学森这个天才人物，看出钱学森有志于"航空工程"的学习，于是破格录取了钱学森，而且为钱学森聘请了以清华大学王士倬教授为首包括钱莘觉、王助三人的指导小组，这几位导师都是当时中国顶级航空工程专家，他们对钱学森的学业作了精心的策划和严格安排，他们对钱学森加以具体指导，使其在国内补修了航空工程知识，先后到杭州、南京、南昌的机场或者飞机修理工厂实习，为其一年后的赴美留学作了充分的理论知识和实践经验的准备。钱学森晚年回忆曾经对他产生过深刻影响的17位先辈之中，王助也是其中之一。钱学森写道："预备留美王助——检验设计"。

第二次学业危机发生在1936年。

关于钱学森为什么在麻省理工学院仅仅待了一年就离开了，历来猜测纷纷。据钱学森的好朋友安德鲁·费耶尔（Androw Fejer）回忆，钱学森曾对他说，当他和项目主任杰罗姆·亨塞克表达他对航空项目过于重视实验的不满时，亨塞克答到："听着，如果你不喜欢这里，你最好回中国去。"显然，无论在性格上还是科学研究的方法上，钱学森与麻省理工学院都大相径庭。钱学森想要的是一种理论式的教育。后来，钱学森总算在美国找到当时还不甚出名的加利福尼亚理工学院（California Institute of Technoligy），师从主持古根海姆航空实验室以秉承德国式理论思辨传统的西奥多·冯·卡门教授攻读博士学位。但是，钱学森的父亲钱均夫不同意钱学森这一选择。

当年12月，蒋百里夫妇回国。蒋百里看望钱均夫，转达了钱学森立志学习航空理论的想法是对的，批评了钱均夫"要钱学森'坚持学习航空工程的想法'落伍了。欧美各国的航空趋势，在于工程、理论的一元化，工程是跟着理论走的。而且，美国是一个富国，中国是一个穷，美国造一架飞机，如果理论上有新发现，立刻可以拆下来改造过来，我们中国就做不到。所以，中国人学习航空，在理论上加工是有意义的"。钱均夫表示接受："百里的头脑，一日千里，值得刮目相看。"于是，化解了钱学森这一次学业危机。

第三次学业危机发生在1938年，清华大学催钱学森回归。

6月7日，钱学森致函清华大学校长办公室"延长公费，年至民国28年七月（1939年7月）为止"，因为"现在待发的一篇论文为'非金属偏斜时所受之空气阻力'，然学生以为，如能在冯·卡门教授门下再有一年之陶冶，则学生之学问能力必能达完善境，将来归国效力必多"。

6月8日，为此事，冯·卡门致函云南昆明梅贻琦校长，希望您会给钱先生下一学年的奖学金，说："我深信如果再延长一年，他将会完全成为一位'高速压缩流体理论与弹道理论'方面的专家。我觉得特别是后一领域（注：指导弹理论）对于你们国家的未来是非常重要的。"

结果是，校方同意学年延长后的1939年6月9日，钱学森在加利福尼亚理工学院戴上博士帽，以四篇论文获得航空、数学博士，完成了著名的"卡门—钱"近似公式。

钱学森哲学思想的起点

——读《钱学森年谱（初编）》偶记之二

近日读霍有光先生编著的970页、150万字巨作《钱学森年谱（初编）》（2011年12月西安交通大学出版社出版发行）。这是一部全景式反映钱学森一生翔实的集大成的史料文集。读此书让人心潮起伏，受益良多，遂写出"偶记"多篇，愿与有同好的朋友分享"读书养心"的快乐。

——作者识

跟随钱老工作20多年的涂元季先生，谈到他多次阅读钱老信件后的四点体会：第一，你会学到许多科学知识。钱老是一位知识渊博的科学大家，他博览群书，达到一般人难以企及的范围和程度；第二，会帮助你学习、运用马克思主义哲学、学习辩证唯物主义和历史唯物主义；第三，学习钱老关于系统工程和系统科学的论述，能加深我们对科学发展观的认识和理解；第四，不仅会使人学到许多做学问的道理，更重要的是使你学会做人的道理。"书信"反映出来的钱学森不仅仅是一位科学家，还是一位哲人，他还讲到了做人的哲理。（摘引自《钱学森书信》10卷本前言，国防出版社2007年5月出版发行）

读"年谱"我有与涂先生读"书信"十分类似的感受。

令我深思的是，钱老为什么能有如此高深的哲学修养？他高深哲学思想的起点在哪里？可以说，"年谱"在一定程度上回答了我的这个问题。

1930年，暑假后期，19岁的钱学森得了伤寒病，在家里卧床一月余，后因体弱休学一年。我认为，似乎可以把钱学森这一年来阅读生活的思想收获，视为钱学森哲学思想启蒙发展的起点。

在这一年里，钱学森第一次接触到科学社会主义。他到书店买了一本匈牙利社会科学家用唯物史观写艺术史的书，他不曾想对艺术还可以进行科学分析。从此他对这一理论发生莫大兴趣。接着他读了普列汉诺夫的《艺术论》，布哈林的《文物论》等书，又看了西洋哲学史，也读了胡适的《中国哲学史大纲》（上册）。读了这么多书，他感到只有唯物史观和辩证唯物主义才是有道理的，唯心主义等等没有道理，经济学也是马克思的有道理，而资产阶级经济学那一套理论，则不能自圆其说。

1934年6月，钱学森自交通大学机械工程学院铁道机械工程专业毕业。钱老后来说："记得毕业设计就是画火车头，所以当时我算是一个铁道机械工程师，后来受'科学救国'思想的影响，到美国麻省理工学院航空系，学习航空理论。"此话的背景是，钱学森到杭州苋桥机场实习。在那里，他第一次看到了落地的飞机，那是两架从法国购买的"布莱盖"飞机。后来到南昌看到6架美国造"寇蒂斯"，发现当时中国的航空飞机制造业是一片空白，他下决心到国外学习飞机制造业，此刻，他的哲学思考，促使他作出了人生关节点上的这一重大决定。

1935年5月，24岁的钱学森在南昌实习期间，先后拜谒了导师钱昌祚（南昌航委处）。7月4日，到清华参观在王士倬和王助两位导师引导下，不仅重视航空实践和制造工艺，而且全面了解祖国更加热爱中华文化。此后，他在《浙江青年》第一卷第9期发表《火箭》一文时，表达了对"只征服天空"的不满足，说："我们真的如此可怜吗？不，决不！我们必须征服宇宙。"

8月初，父亲钱均夫在上海黄浦江码头，登上了美国"杰克逊总统号"邮轮，为钱学森送行，临别前说："这就是父亲送给你的礼物"，同时塞到儿子手里一张纸条，上面写道：

"人，生当有品：如哲，如仁，如义，如智，如忠，如悌，如教！"

钱学森读后，不禁潸然泪下，默默地背诵着家父的临别教诲，在心里说："我尊敬的父亲，你的教诲儿子铭刻在心，你老人家放心吧！"父亲的教导显然已成为钱学森哲学观的有机组成部分。

后来，他借用弗洛伊德的一句话，表达他的特殊感受："受到父母无限宠爱的人，一辈子都保持着制服者的感情，也就是保持对成功的无限信心，在现实中才会经常取得成功。"

对钱学森哲学思想产生过决定性影响的另一个人，便是他"永远不能忘记的恩师"——全世界著名的权威，工程力学和航空技术的权威冯·卡门。钱学森在冯·卡门直接指导与领导下学习和工作，时间长达10年。

冯·卡门教授教给钱学森从工程实践提取理论研究对象的原则，也教他如何把理论应用到工程实践中去。冯·卡门每周主持一次研究讨论会（research conference）和一次学术讨论会（seminar），这些学术活动提供了锻炼创造性思维的好机会。

冯·卡门教授在其回忆《中国钱学森博士》一文中说，"（1936年）我们初次见面……对我向他提出的几个问题他回答的都异常准确。顷刻之间……我发觉他想象力非常丰富，既富有数学才华，又具备将自然现象化为物理模型的高超能力，并且可以把两者有效地结合起来。他虽然还是个年轻的学生，已经在不少艰深的命题上协助我廓清一些概念。"

冯·卡门教授强调，"有没有创新，首先取决于有没有good idea（好点子）"。所以，钱学森后来称："在冯·卡门教授这里一下子脑子开了窍。"

钱学森公开认错

——读《钱学森年谱（初编）》偶记之三

　　《钱学森年谱（初编）》第211页，扼要地展示了钱学森半个世纪前（1964年3月29日）亲笔写给郝天护同志（新疆生产建设兵团农学院青年）的一封信的内容。

　　在此条的提示下，为了了解信的全貌，我查阅了《钱学森书信》10卷本（涂元季主编，李明、顾吉环副主编，国防出版社2007年5月出版）。书中第83～85页用3页，刊出钱学森亲笔信的影印件和印刷体版全文及注文。

　　《钱学森年谱（初编）》上的这段文字不长，抄录于后：

　　　　1964年1月19日，新疆生产建设兵团农学院青年郝天护致信钱学森，指出钱学森新近发表的一篇关于土动力学的论文中一个方程的推导有误。钱学森3月29日在复信中说："我很感谢您指出我的错误！也可见您是很能钻研的一位青年这使我很高兴。""科学文章中的错误必须及时阐明，以免后来的工作者误用不正确的东西而耽误事。所以，我认为，您应把您的意见写成几百字的一篇短文，投《力学学报》（编辑部设在科学院力学所）刊登，帮助大家。您认为怎样？""让我再一次向您道谢。"在钱学森来信的鼓励下，郝天护把自己的见解写成七百字的一篇文章，题为《关于土动力学基本方程的一个问题》，经钱学森推荐，发表在1966年3月第九卷一期《力学学报》上。

　　据"年谱"记载，1964年，钱学森53岁。作为发射场最高技术负责人，同现场总指挥张爱萍一起组织指挥第一枚改进后的中近程导弹——"东风2A"发射实验，全程试射获得成功。当导弹准确击中1000公里至外的目标时，张爱萍和钱学森握手拥抱，高呼"科学万岁""科学家万岁"。现场的科技人员和解放军指战员热泪盈眶。

　　2月6日春节前夕，毛泽东要请竺可桢、李四光、钱学森来中南海住处做客。当时，钱学森是中国科学院力学研究所所长，是力学界权威人物，学科带头人，次年任第七机械工业部副部长（1965～1970年），事业和名望如在中天。

钱学森能如此认真公开地认错，是非常难能可贵的。事实表明，作为一位著名的科学家的本色，他能实事求是，坚持科学民主思想作风的精神令人感动。对于许多身居高位、声名显赫的人常常很难做到。

这使我想到三件事。

第一件事，钱学森跟冯·卡门之间，曾因为对一个科学问题的见解不同而引起争论。当时，冯·卡门发脾气了，甚至把东西摔在地上。第二天下午，冯·卡门忽然来到钱学森的工作间，脸上露出歉意，说道："昨天下午，你是正确的，我是错误的。"冯·卡门虚怀若谷的作风，使钱学森感动不已。（引自叶永烈著《解密钱学森》时代国际出版有限公司，2010年8月出版）

第二件事，1961年6月10日，钱学森在《光明日报》发表《科学技术工作的基本训练》一文，文章强调"工科学生应当先要打好理论基础，再来学习工程技术"。茅以升看了钱学森的文章以为无法苟同。作为工程技术专家，他以为，先掌握了某种技术，再来学习理论也不见得错。于是6月14日写了针对钱学森观点的商榷文章，点了钱学森的名，题目是《先掌握技术，后学习基础理论是错误的吗？—对'科学技术工作的基本训练'一文的商榷》。25年后，科学普及出版社出版《茅以升文集》时收入茅老此文，隐去了钱学森的名字。为此事，1986年1月8日，钱老专门致函编辑严昭提出意见："希望纠正这个差错（指隐去钱学森名字），最好能指明茅老评议的东西是我写的，我应负文责。""我想这种文风也是合乎茅老提倡的科技工作者道德规范的。"

钱学森曾言，正确的结果，是从大量错误中得出来的，没有大量错误作台阶，也就登不上最后正确结果的顶峰。这大概便是钱学森对于来自晚辈郝天护的批评，还是老一辈茅以升批评都能虚怀若谷的原因吧？

第三件事，难忘的1996年6月4日钱学森会见我们。当时，他主要讲了三点意见：①坚定不移地用马克思主义哲学指导我们的工作；②是否可以建立一个大科学部门—建筑科学；③学术民主非常重要。（详见顾孟潮编著《钱学森论建筑科学》中国建筑工业出版社2010年11月出版，第1~4页）

根据钱老谈话录音整理成文，题为《哲学·建筑·民主——钱学森会见鲍世行、顾孟潮、吴小亚时讲的一些意见》，文章通篇贯彻着科学民主精神。特别在第三部分钱老强调说："我从前在中国科学技术协会工作几年，感到学术不够民主，教授、权威压制的太厉害。我在科协会上讲过不止一次，但是，解决不了，这是科学向前发展的一个大问题。"

　　记得当我把根据钱老谈话录音整理稿送给钱老审定时，他在6月14日复我的信中还强调说："……至于这个不成熟的东西能否打印发给与会代表，请您与鲍世行同志商量。注意这是试探，不是结论。"钱老的学术民主作风可见一斑。

注：郝天护1953年毕业于清华大学，1956年曾听过钱学森的报告。后来由于被指斥为走"白专道路"而遭到批判，在20世纪60年代被"下放"到新疆生产建设兵团农学院。如今郝天护教授是固体力学专家，1987年、1989年、1990年这三年里，他发表的论文数量分别居全国第十、第七和第二位。他曾连续9年担任国家自然科学基金项目主要负责人。1995年被选为美国科学院通信院士。

1996年，钱学森的"建筑科学年"

——读《钱学森年谱（初编）》偶记之四

钱学森85岁高龄之时，对建筑科学和建筑艺术的思考与研究的积累已成喷薄欲出之势，终于在1996年像火山一样迸发出来。

笔者称这一年为钱学森"建筑科学之年"。

钱老一生约写了300封有关建筑科学的信函，这在钱老书信总量里所占的比例是比较高的，约为1/30，估计数量计在前5名。这些书信是钱老建筑科学思想的重要组成部分。

而1996年这一年钱老就写了52封有关"建筑科学和建筑艺术内容"的书信，平均每周写一封，仅元月份就亲笔写了7封信。

1月2日，钱老写两封信，附上彭立勋《城市环境美与环境艺术的创造》一文的复制件，分别寄鲍世行（中国城市科学研究会副秘书长）和高介华（《华中建筑》杂志主编）。

1月11日，致函曾昭奋（《世界建筑》主编）说："北京是世界著名的故都，建设北京一定要保护好故都建筑。"

1月13日，致函陈洁行（杭州市城市科学研究会秘书长），谈关于杭州历史文化名城的保护和发展研究等问题并拜晚年。

1月14日，致函喻学才（南京大学旅游学院教授）："旅游是现代世界的一种社会现象。研究旅游是一门社会科学必须用马克思主义这一普遍真理作指导。"

1月21日，致函高介华，谈"不应忽视老百姓旅游活动"。

1月31日，致函鲍世行，谈关于《城市学与山水城市》。

1996年6月4日，钱学森会见鲍世行、顾孟潮等建筑专家，就建筑科学作了长时间的谈话，是对建筑科学发展史上具有标志性的里程碑式的重大贡献。

后来以《哲学·建筑·民主》为题发表的文章概括了钱老谈话的内容，文章强调以下几点：（建筑科学）要坚定不移地用马克思主义哲学指导我们的工作；建筑的真正基础要讲环境；真正的建筑哲学应该研究建筑与人、建筑与社会的关系；建筑是科学的艺术，也是艺术的科学；学术民主是科学向前发展的一个大问题等。

中国的火箭导弹之父、杰出科学家钱学森为什么对建筑科学、建筑艺术这样关注呢？这是有历史渊源的。

钱学森在回忆他的建筑情结时曾说过："我自3岁到北京，直到高中毕业离开，1914～1929年，在旧北京待了15年。……1955年在美国20年后重返旧游，觉得北京作为社会主义新中国的国都，气象万千！的确令人振奋！"

"后来，遇到梁思成教授谈得很投机。……中国古代的建筑文化不能丢啊！70年代末，我游览过苏州园林，与同济大学陈从周教授有书信来往，更加深了我对中国建筑文化的认识。"

"这一思想渐渐发展，所以在80年代我提出城市建设要全面考虑，要有整体规划，每个城市都要有自己的特色，要在继承的基础上现代化。我认为这是一门专门的学问，叫'城市学'，是指导城市规划的。"

经过慎重的考虑，1996年钱老正式提出把建筑科学作为第11个大部门列入他构想的现代科学技术结构体系（见现代科学技术机构体系构想图），从而确立了建筑科学在人类文明史上应有的崇高地位，这是在世界建筑科学发展史上的一大创举，具有里程碑意义。此项划分对人们树立建筑科学发展观有着极大的启示作用。

"哲学、建筑、民主"（讲话）一文发表时的1996年如今已走过16个年头，钱老热情激励我们的话音犹在耳边："建筑是科学的艺术，也是艺术的科学，所以搞建筑是了不起的，这是伟大的任务。""我们中国人要把这个搞清楚了，也是对人类的贡献。"

钱学森的科普人生

——读《钱学森年谱（初编）》偶记之五

钱学森是大海，是百科全书式的人物。钱学森是丰富多彩的智慧、思想、理论、知识实践、经验的文化宝库。他是一门博大精深的"钱学森学"，亟须我们几代人锲而不舍地对"钱学森学"进行接力式的持续的学习、研究与开发，从而发挥出这一科学文化思想宝库的巨大精神潜力。

本篇短文，试从科学技术普及的角度作些探讨。

钱学森先生一生始终重视科普事业，为此作出重大贡献。他的科普人生开始于1935年7月在《浙江青年》第1卷第9期发表《火箭》一文，到2001年初90岁高龄，接受《文汇报》记者专访，谈《以人为本，发展大成智慧工程——谈系统工程与系统科学》时计算，历时66年。在国内外献身科普事业时间之长，钱老大概首屈一指，堪称"科普老寿星"。即使扣除钱老1935～1954年这在国外的20年，钱老也为科普事业作出46年锲而不舍的奉献。

随着1955年钱学森归国后，他热火朝天的科普活动又活跃起来。

1956年5月，他在科学院力学所组织"高级科普"讲座，目的是向全所普及工程技术知识，请外面人来讲，每周一次，一个下午。每次由他个人出资为讲座准备奶油夹层饼干等茶点。

1956年10月，他在《科学大众（中学版）》第10期发表了《从自己的业务中学习科学》一文。同一年印发了9讲的《工程控制论讲座》讲义。

1957年，他在《科学画报》第3期发表了《论技术科学》。5月28日《人民日报》发表《有什么新学问被忽略了？》报道钱学森提出四个新技术的研究方向。

1958年4月29日，他在《人民日报》发表了《发挥集体智慧是唯一的好办法》一文。

为坚持科普工作，钱学森还亲笔书写了大量书信，普及科学知识，传播现代先进的科学思想理念。有时还十分具体地回答写信人向他请教的问题。如：1961年6月30日，钱学森致天津大学材料力学教研室共青团员的信，回答他们如何系统地提高理论水平，如何培养实验技术问题，并且强调："人们的认识过程是一个发现矛盾和解决矛盾的过程，要学理论就得对理论提出问题，然后去解答问题。要学实验技术就得对实验技术提问题，再去解决问题。"

钱老对报纸和科普期刊的科普工作一直十分重视与关心。经常为此与编辑部通信，出主意，研究有关问题，甚至直接参与一些推荐作者、审阅稿件的具体工作。如：钱老1960年9月13日致《知识就是力量》编辑部的信，是对《时间的河流》一文的审稿意见，钱老说："我觉得苏联柯兹雷夫教授的'非对称力学'是现代科学中非常重要的大胆假设，如果完全被证实，将是科学中的大革命！我觉得我们应该加以宣传，文章肯定可以登。"

钱学森多次深刻地指出科普工作的重要性。1979年6月，在《科普创作》第3期发表了《把科普工作当作一项伟大的战略任务来抓》文章。全面论述科普学的性质、指导思想、目的和内涵等。这是钱老在中国科学技术协会"二大"期间，阅读周孟璞、曾有智《科普学初探》一文之后写的，文章说：

> "你们提出科普学，也就是搞好科学技术普及的学问，这是一个大问题啊！"
>
> "科学普及实际上是一个改造社会的任务。关键是用什么观点去分析这些问题，最重要的是要用马列主义，用辩证唯物主义和历史唯物主义作指导。"
>
> "单纯讲科学技术是生产力是不够的，要讲'转变'要讲'变成'才行。"
>
> "科普的一个目的是要使群众掌握科学技术，从而变成现代化的巨大生产力。我们要从文盲开始做起。……大学文化以上的人也需要科普，专家也需要科普，不过那是高级科普了。"
>
> "科普的内容范围有两个方面，不仅普及一般的科学技术知识，还有普及正确的世界观。"

钱学森先生关于科普工作和科普学的创造性的定位定性分析等论述有着长久的参考价值，是钱学森学珍贵遗产的一部分。这里摘录些要点。

* "科普事业是伟大的，是社会主义文化的重要组成部分。应团结志同道合的同志共同奋斗。"（1985年3月4日致陈恂清函）
* "科普工作可以分两大方面，一方面是大面积的科普，另一方面是对干部的科普，归入干部的继续教育。"（1986年7月24日致王天一函）

* "科普学层次略高，与科学学同一层次，广义的科学学应包括科普学，是科协学的理论基础。"（1987年7月22日致周孟璞函）

* "把以前我们多次谈及的'科普工作'重新归纳如下：①知识科普，为建立科学的世界观；②技术科普（也称战略科普）。科协的科普工作部将来也可以改为科技推广部。"（1988年12月28日致高镇宁函）

* "我认为科学小说是科学技术，而科幻小说是文学艺术。"（1991年6月29日致资民筠函）

* "除了严格区别'科普'与'科幻'外：①科普也不限于文字；②科普也不限于自然科学。"（1993年1月28日致陶世龙函）

* "《科学中国人》作为中国科协出版的高级科普刊物一定要办好。"（1995年5月1日致朱光亚函）

* "科普工作需要真正懂行的科技工作者才能搞好。"（1996年7月21日致杨学鹏函）

* "科普工作要宣传科学技术不足之处：①环境污染；②水资源短缺，利用不当；③城市垃圾问题；④自然灾害预报。"（1998年8月1日致李建臣函）

* "深圳18年成为380万人口的现代化大城市，但空气污染问题，白色垃圾问题如何？……"（1998年8月1日致深圳市人民政府办公厅函）

晚年钱学森一天的生活也是如此重视学习、研究、充电和科普的：

早上6点起床，打开收音机收听中央人民广播电台的科学知识普及讲座，然后洗漱、吃饭。上午、下午的时间用来看书、写文章或举办学术讨论班——这种从加利福尼亚理工学院借鉴而来的形式，被钱学森认为是推动学术创新的最佳途径。到了晚上，他会看两三小时的书才上床睡觉。……翻两小时书像听了一场音乐会。他总说："我又有了新的收获！"……直到钱老去世前几十个小时，钱学森还在看报（每天要看8种报纸，看完之后仍然按次序摆好，遇到有兴趣的内容剪下来）。

……钱老的一生是科普的一生，他不仅孜孜不倦地对别人"科普"，而且总是首先对自己"科普"。钱老晚年，当有人表示要为他写传记，就会遭到他的婉拒。他希望对方"把为我写传的时间和精力用到研究和宣传大成智慧学上"。

从钱老关注和呼吁的科普工作及科普事业的方方面面，我们更可以体会到科普事业的重要与迫切，特列此备忘与共勉。

如何弘扬钱学森建筑科学思想

——2013年11月4日在钱学森研究中心发展研讨会上的发言

当前我国社会主义事业进入新的历史阶段，改革需要全面深化和顶层设计，研究和运用钱学森科学思想的大成智慧系统工程方法，解决中国社会主义建设面临的这些问题就显得格外重要。

下面简述我对这一问题的思考，向各位请教。

（1）对钱学森研究中心的发展我充满信心。

今天到会的科学家在钱学森研究方面均建树颇丰，声誉卓著，这是我们研究中心的优势和基础，是研究中心发展研究的重要推动力量，也是我对钱学森研究中心的发展充满信心的原因，何况有上海交大的师生作为研究中心重要的后备军。

（2）学习、研讨钱学森为建筑科学体系定位的建筑科学思想是建筑界责无旁贷的重要任务。

钱学森先生生前曾明确地为建筑科学大部门定位，为建筑科学体系定位并提出山水城市的设想；他认为建筑哲学、城市学、园林学是建筑科学的三个领头学科，并强调要重视研究城市学，用系统工程整体观点研究城市学的问题。1996年正式提出了建立建筑科学大部门的思想。钱老这些有关建筑的科学理论为建立建筑科学大部门的理论奠定了基础。

落实钱学森教授的科学思想，需要在《广义建筑学》《生态建筑学》《地下建筑学》《绿色建筑学》等宏观与微观建筑学领域内，建立辩证唯物主义的建筑观、哲学观、美学观、创作观和设计方法论，形成现代建筑科学技术体系，使建筑科学真正成为名副其实的"大科学部门"，这是一项艰巨的任务。

从1996年钱老正式提出建立建筑科学大部门问题，17年过去了，至今尚未得到有关部门领导和社会上更多人的重视和响应，进展十分缓慢；另一方面，这也说明一个学科大部门的建立，仅仅依靠某个行业的业务部门或者学术团体是远远不行的，需要"更好地整合全国各地有关研究力量和学术资源"才能实现。

比如，此项研究必须有跨学科、跨行业的科学学、系统工程学、生态学、社会学、经济学家，甚至思维科学家、未来学家、管理学家和相关管理部门等参与。

（3）在中心研究课题方面，结合钱学森的建筑科学理论，我建议可尝试从"中国城镇化道路的理论实践"和"中国的大学怎么办"这两个课题中选一个。

钱学森曾说过，"我国的农村在下个世纪将集中到集镇，即'城镇'"，而"对城市的总的学问是城市科学。分三个层次，是现代科学技术体系的共性，是属于基础学科的数量地理学，技术理论学科的城市学和工程技术性的城市规划"。

中国城镇化道路怎么走？这是个非常复杂的大问题，网上所举的聊城做法是城镇热衷的典型实例：20层的高楼随处可见，里头住的是失去土地的农民，公寓是免费的，而且有数十万土地赔偿金，不知这些农民赔偿金用完了该怎么办？

对此问题的看法目前众说纷纭，做法五花八门，这种状态不能再继续下去。

这次如能由钱学森研究中心牵头，开展"新的历史时期中国城镇化道路"专题研究，对于促进建立建筑科学大部门是大好的历史机遇。将会让人们更加深刻地体会到，建立建筑科学大部门在国家发展建设上的重要性、迫切性。这将是一举两得或多方受益的利国、利民、利学科发展的大好事。完成此课题对世界也将是一大贡献。

中国的大学怎么办？

钱老晚年对中国的大学培养不出顶尖级人才忧心忡忡。

回顾中国高等教育的折腾史：1952年院系调整，仿照苏联工业技校模式；1958年高等教育"大跃进"；1958～1976年高考不宜录取政策；1990年高等学校大合并；1999年开始的扩大招生。总之，60年未按照教育科学本身的规律办学，翻来覆去地折腾，自然培养不出钱老期望的杰出人才。

建议会后，钱学森研究中心能够接力式地陆续组织几个专题研讨会，就今天提出的主要议题作深入研究。首先在研究方向、人员组织、中心课题、研究基金保障等四个方面进行落实，这是启动专题调查研究的前提。

Chapter 4
／其他篇／

不要让城市失去记忆

多年来，不少城市的建设都是采取大拆大建的方式，推平了原有的建筑，从零开始，从新建开始，而且，在拆建的过程中即使有文物、有古迹、有值得纪念的东西，拆建者也往往在所不惜。采取这样的建设方式，我们已经花了许多冤枉钱，留下了许多遗憾，但是，很多城市目前仍然在重复这种错误的做法。有的外国建筑专家到北京来，针对北京的大拆大建说，这是对历史文化名城前所未有的残酷破坏，我同意这种观点。

我认为，这种大拆大建的本身，就是对北京这座具有三千多年历史的文化古城的大破坏，是对北京城市记忆的大破坏。换句话说，这些被破坏的城市就像是老年痴呆症患者，正在丧失记忆。

历史遗存的城市与建筑不可能都保存下去，它们要经过历史的筛选，要经历新陈代谢的过程。像圆明园废墟这样的历史遗址保存下来，就激发了我们中国人的爱国情感，这是城市记忆的作用。

知识经济时代和信息时代，最大的财富是知识和信息，"城市记忆"也是如此，在城市记忆的载体中，有历史信息、现实信息、艺术信息等各类知识和信息。可以说，城市记忆是我们珍贵的、无形的、潜在的资产。作为城市记忆的有形部分的城市与建筑，是城市记忆的载体，它们既有经济价值又有文化价值，这一点已被人们所认识。但是，人们却往往忽略了城市记忆的无形部分。其实，城市记忆的无形部分在一定意义上说，它的价值是不可估量的、是不可能再生的，因此，它显得更重要、更长远、更可持续。从环境心理学的角度看，构成城市记忆的层次大体可分为三层：

第一，是物的层次的记忆，即把城市与建筑当作物质对象记忆，当作一个艺术品，记忆它的加工情况、形象特征以及艺术风格等等。

现在还有人说，建筑本身就是形式，我对此感到很遗憾，应该说，这是文艺复兴时期以前人们对待城市与建筑的态度。文艺复兴以前，许多城市与建筑都是由雕塑家、画家、艺术家设计完成的，那时他们往往完成的只是一个形式躯壳，一个单体、一个简单的艺术形式。一个建筑作品，如果内容真正好，即使形式怪一点，也是会逐渐被人们接受的。这样的例子很多，如悉尼歌剧院、埃菲尔铁塔等刚落成时，就曾被一些人当成怪物。

第二，是场所层次的记忆。

在这一层次中，城市与建筑的本身，被当作环境的科学和艺术来对待，这样就加强了对环境整体质量的记忆，而且有环境主人的概念，有人与环境互动的概念，这种记忆有助于提高环境整体的质量和水平。我们的一些建筑，在设计时如果不注意这种记忆，环境的整体质量就很难上去。

第三，是事件层次和意境层次的记忆。

纵观我们的城市和建筑设计，能使人产生物质层次记忆的较多，能使人产生场所（环境）记忆的较少，能使人产生事件（意境）记忆的更少。然而，在中国建筑中，中国的园林设计对意境的追求是很突出的，在世界上也是高水平的。比如，设计环境时运用虚的手法借景、造景，什么钱都不花，就形成很有意境的环境。物的层次、场所层次、意境层次，这三个层次我们也可以依次把它们看作图的层次、底的层次和全息的层次。设计城市与建筑时，要注意这三个层次的记忆，既要看到图，更要看到底和全息层次的丰富文化内涵。

记忆与思考是一对孪生弟兄，互为因果，记忆是新的思考的起点和背景参照系。这就如同一个人，当他失去记忆时，便无法思考，也不可能提高，只能停留在生物人的层次，犯生物人的错误。城市记忆是文化的积淀，它有助于我们了解自己的文化优势与劣势。城市记忆是传承城市文化的接力棒，城市记忆十分丰富，它比口头文学更可靠，许多考古文献就是从历史遗存的建筑上开发出来的，对建筑的这种文化价值应该加以重视。

城市记忆还能够加强城市主人的归属感。人们有了主人翁的归属感之后，会更加热爱家乡。我们的历史文化名城保护、文物建筑保护，很大程度上，就是在做保护城市记忆的工作。

——原载《重庆建筑》2004年03期

给建筑大师陈荣华的一封信

尊敬的陈荣华总：

　　您好！

　　久未联系，很是想念。最近，从《重庆建筑》2007年5期上读到几篇好文章：专访您的文章和您有关重庆南山植物园展览温室方案设计的大作，深受启发。

　　在重庆市首届勘察设计大师评选中，您和郑生庆总双双荣获设计大师荣誉，要向您和郑总表示衷心的祝贺！您二位珠联璧合，多年来为重庆的城市环境建筑作出了历史性的贡献，令人钦佩与尊敬！谢谢您们！

　　特别是您在从事建筑创作时，十分关注建筑理论与建筑技术的前沿动态，并及时地结合自己的创作实践，将这些先进理念和技术加以运用和创新，才结出如今的累累硕果。这种锲而不舍的探索精神，是如今贯彻科学发展观努力创新的过程中所必不可少的。要向您学习。

　　多年不见，从照片上看到您健康乐观的形象令人欣慰。中国，重庆建筑界如能多有些您这样的探索者、创新者，中国建筑将会早日跻身于世界建筑之林的前列。

　　望您百忙之中多加保重。

　　敬礼，顺致夏安。

顾孟潮

2007年6月11日　北京

——原载《重庆建筑》2007年06期

中国建筑设计（创作）的现状与展望

在建筑文化发展史上，建筑师职业出现得比较早，建筑设计的概念形成很晚，前后相距1000多年。

人们熟知的古代建筑师维特鲁威（Vitruvius）生于公元前1世纪，著有《建筑十书》（*De Architecture Libri Decem*），而1000年之后出版此书时尚没有明确的建筑设计概念。欧洲到15世纪，才开始有明确的建筑设计图纸。

中国河北省平山县中山王一号墓出土的战国中山王陵"兆域图"（金银嵌错铜制的建筑平面图），制图时间为公元前323～前309年。但是，现代观念的建筑师及建筑设计是20世纪20～30年代才从欧美等国引进的。又历时近半个世纪之久，建筑设计作为工程建设的龙头地位、灵魂地位才逐渐被人们所认识。然而，至今在中国尚没有确立建筑设计应有的位置，发挥出它应有的作用。

一、中国建筑设计史的沿革

中国建筑设计水平的提高与发展，是与工官制度同步前进的。简单的木构架结构方式不断改进，逐渐成为中国建筑的主要结构方式。到周朝开始有了以管理工程为专职的"司空"，后来各朝代在这个基础上发展为中国特有的工官制度。

据《周礼·考工记第六》记载，司空，掌管城郭，建都邑，立社稷、宗庙，造宫室、车服、器械，监百工者，唐虞以上曰共工。司空管得十分宽，大至城郭、都邑、宫，小至车服、器械。据此推测，应当是有了建筑设计和城市设计，只是表达方式与欧美不同而已，口述与示意图相结合，重要之处规定尺寸。到战国时期已有明确的比例尺概念，中山陵"兆域图"便是1/500的平面图。

到了宋代，即公元12世纪初，制定出以"材"为标准的模数制，使木构架建筑的世纪和施工达到一定程度的规格化，并编出《营造法式》，总结这方面的经验。

到了清代，建筑设计的标准化、定型化有了进一步的发展，不仅在木结构方面实行标准化、定型化，而且扩大到彩画、门窗、须弥座、栏杆、屋瓦以及装饰花纹等方面。表现出技术上的更加纯熟，整体上更加巧妙的组合本领。清朝，世袭的皇家建筑师"样式雷"家族留下的数以千计的图纸，绝大部分是组群的总体平面图，在每座房屋的平面位置上注明面阔、进深、柱高的尺寸、间数和屋顶形式，具体结构和施工只需按照《做法则例》进行工作。

中国古代的建筑设计始终是在主管官员领导下的集体行为，而不是像欧美是艺术家个体行为。这大概正是古代中国建筑师较少为人知晓的原因。

近代的中国建筑设计开始引进西方的概念和做法，则颇有些"大建筑师主义"的味道。

中国工程师和建筑师是随着1866年"洋务运动"开始成长的。1872年起，赴美国学习的学生中也有专攻土木工程的。1903年，天津北洋大学堂正式成立土木工程科后，1907年、1910年山西大学堂、京师大学堂相继设土木科。1910年，全国已有12所设土木科的专门学校。

1910年以后，逐渐有由国外学习回国的建筑师。1923年苏州工业专门学校设立建筑科，1927年并入中央大学改为建筑系。此外，有东北大学、北平艺术学院及广东襄勤大学、重庆大学、之江大学、圣约翰大学、北京大学、清华大学、天津工商学院等设立建筑系，专门培养建筑师，按国际通行标准设置教学内容。

1912年成立了中国工程师学会。1927年成立了中国建筑师学会。同时期有《中国建筑》《建筑月刊》及土木工程、市政建设等杂志及专著出版。

1929年成立了中国营造学社，对若干中国古代建筑做了比较科学的测绘记录及一些资料的考证工作，出版了《中国营造学社汇刊》七卷及《清式营造则例》等著作。从此，中国建筑设计才有了现代建筑人才、实践和理论历史研究活动和学术组织。

1925年的中山陵建筑设计竞赛、1935年的钱塘江大桥设计，首次显示了中国建筑师和工程师的设计水平。

20世纪20~30年代，中国建筑师和工程师已在上海、天津等地设立建筑师事务所，除设计工作外，兼作房地产经营。当时最有名的中国第一家建筑师事务所为基泰工程司（KWAN CHU & YANG），创始人为留美归来的关颂声先生，他的三位合伙人是朱彬、杨廷宝、杨宽麟，都是一代建筑界精英人才。当时著名的建筑设计事务所还有华盖事务所（赵深、陈植、童寯主持）；兴业事务所（徐敬直、李惠伯）；庄俊事务所等（详见张镈：《我的建筑创作道路》）。

按照张镈对中国建筑师的代际划分：第一代为1911~1931年毕业的，以留学生为主；第二代，1931~1951年，国内大学毕业者为主；第三代，1951~1966年，这是一股强大的力量；第四代1976～1992年，大批的新生力量。

根据所完成的建筑设计作品以及这些作品的主要设计人分，也可以按上述四代大致划分为中国建筑设计发展史的四个时期：

（1）1949～1957年，中华人民共和国建立和第一个五年计划时期，是第一代建筑师为主的活动年代，梁思成、杨廷宝、陈植、童寯、冯纪忠、夏昌世均有力作问世。

（2）1957～1966年，这段时间，是第二代建筑师的辉煌时期，许多第二代建筑师脱颖而出，做出在建筑史上有里程碑意义的作品，以国庆十周年的十大工程为代表，其设计人如赵冬日、张镈、戴念慈、严星华、陈登鳌、龚德顺等。

（3）1966～1978年，由于"文革"的影响，建筑设计上绝少建树，为空白时期。

（4）1978年实行改革开放政策以后至1995年为第三代建筑师大放光芒时期，涌现出众多中青年建筑师和优秀的建筑设计作品。1989年亚运会工程一批建筑问世，堪称新中国建筑设计史上的又一批里程碑建筑。

此外，北京、广州、上海先后都出现了一批领导潮流的建筑作品，如佘畯南、莫伯治等设计的白天鹅宾馆，张耀曾等设计的龙柏饭店，贝聿铭设计的北京香山饭店等。

二、改革开放后的中国建筑设计

值得庆幸的是，中国当代建筑文化发展的春天终于来临了！它以惊人的发展速度、崭新的姿态和空前的设计水平和质量令人振奋。在我的概念之中，1978～1988年可称为新时期，1989年以后处于"后新时期"。这是改革开放的辉煌年代，硕果累累的时期。

1．世界公认的建筑设计成就

在1987年出版的《世界建筑史》（［英］巴尼斯特·弗莱彻1896年首版）的第19版中，增补了1949年中华人民共和国成立以后的中国43座当代著名建筑和16位著名的中国当代建筑师。

这43座建筑物是：北京友谊宾馆、重庆人民大礼堂、北京三里河办公楼、北京地安门旅馆、北京亚非学生疗养院、北京民族文化宫、北京新侨饭店、北京天文馆、北京国家建设部办公楼、北京首都剧场、西安人民剧场、长春体育馆、广州华侨公寓、北京人民大会堂、北京中国历史博物馆、北京毛泽东纪念堂、北京人民英雄纪念碑、北京和平宾馆、北京儿童医院住院部、武汉医院、中国医学科学院阜外医院、上海文渊楼、北京电报大楼、北京民航大楼、杭州航站楼、乌鲁木齐航站楼、兰州火车站、北京工人体育馆、广州矿泉别墅、广州东方宾馆、广州白云宾馆、上海游泳馆、北京建国饭店、上海龙柏饭店、广州白天鹅宾馆、南京金陵饭店、北京中国美术馆。

16位建筑师是：梁思成、戴念慈、张开济、林乐义、张镈、张家德、龚德顺、葛如亮、杨廷宝、华揽洪、冯纪忠、宋秀堂、黄玉林、哈雄文、魏敦山、莫伯治。

2．新时期中国建筑设计与创作的特点

总的讲，这个时期是建筑创作的春天，设计与创作的社会历史与经济、文化环境是空前的好，具体表现在六个方面：

（1）设计管理方式由汇报综合式向个人负责制转变；

（2）施工管理上由独家经营到投标承包鼓励竞争的转变；

（3）建筑产品的商品属性正在得到恢复；

（4）建筑概念上开始重视环境；

（5）设计观念上开始承认"设计是灵魂"；

（6）建筑理论上，正在改变过去用政治理论代替艺术、经济和文化本身理论的状态。因此，设计作品的商品化大幅度提高。

经过16年的艰苦奋斗，建筑设计品位逐步提高，其特征为：

（1）城市化、环境化意识和手法的加强；

（2）追求文化内涵和民族特色、地方特色化的加强；

（3）个性化、精品化的趋势；

（4）名家化、标志性的价值取向；

（5）后现代化、世俗化、商品化的加强；

（6）理论化、科学化的趋势。

3．优秀建筑设计作品实例选介

（1）对北京旧城改造模式的突破性探索的成功之作——北京菊儿胡同新四合院住宅设计（吴良镛教授主持）。该设计不仅有建筑技术、艺术的角度，而且有社会学、人居环境学、城市结构肌理（Urban fabric）的角度。在城市改建工程中贯彻了"有机更新"的规划原则，保留了好的和有历史价值的建筑。修缮尚可利用的建筑，保持历史文脉的延续性，形成有机的整体居住环境，因此获得亚洲建筑师协会优秀建筑设计奖和联合国人居奖。

（2）重视建筑物设计的环境化、城市化的成功之作——上海龙柏饭店（张耀曾）、深圳南海酒店（陈世民）、华东电业管理大厦（刘思扬）、新疆人民大会堂（孙国城）、

北京奥林匹克体育中心（马国馨）、上海外滩环境改造设计（邢同和）、烟台航站楼（布正伟）等，显示了这些第三代建筑师的成熟。

（3）"尊重历史、尊重环境、为今人服务、为先贤增辉"的建筑作品——清华大学图书馆新馆（关肇邺教授主持）。该设计最大的特点在于，两个"尊重"和两个"为"，体现了对清华园历史和环境特色的尊重。通过功能的合理安排，新老馆结合，综合使用，便于管理。尽管新馆比老馆大3倍，却能"甘当配角"，成为前两期工程的老馆——美国著名建筑师墨菲和中国前辈建筑家杨廷宝先生精心之作的续篇。

（4）再现历史环境的作品——南京周恩来梅园纪念馆（齐康）。该工程规模不大，只有2200平方米，但在设计构思上实现了建筑环境的和谐和历史环境的再现，让新旧、今昔产生沿着新的结构关系。在产生用地肌理上沿着新的肌理特征，而且在空间位置、造型风格上，十分契合周恩来先生谦虚谨慎、平易近人的性格。

（5）为中国家族增光添彩的国内外建筑设计大师之作——深圳华夏艺术中心（龚德顺、张孚佩）、陕西省历史博物馆（张锦秋）、广州西汉南越王墓博物馆（莫伯治、何镜堂）、南京周恩来梅园纪念馆（齐康）、北京奥林匹克体育中心（马国馨）等作品的作者都被认为是中国的建筑设计大师。外国建筑设计大师的作品，如北京香山饭店（〔美〕贝聿铭）、上海商城（〔美〕波特曼）、中日青年友好交流中心（〔日〕黑川纪章）等，对于普及新的设计理念，传播新技术、艺术手法，引进新材料、新设备、新工艺等诸多方面，都有着不可忽视的良性影响。特别是近年来中国与海外建筑师的密切合作大量增加，更有助于这种影响的扩大和传播。

三、中国建筑设计（创作）前景展望

中国建筑学会理事长叶如棠，在中国建筑学会成立40周年庆祝大会上提出的建筑文化的建设要点，是中国建筑文化发展战略的目标：

（1）为"持久发展"的环境创造条件；

（2）为具时代、民族和地方特色的城市新风貌创造条件；

（3）为达到小康居住水平创造条件；

（4）为推荐我国建筑学理论以及建筑科学技术创造条件；

（5）为进一步提高中国建筑师（界）的自身素质及社会地位创造条件（"界"字为作者所加）。

1995年7月26日，理事长叶如棠再次强调中国建筑文化问题。他说：

"大规模建设的时候，如果我们不及时送去建筑文化，恐怕给后人的遗憾和损失就大了。"

"重视文化内涵是建筑创作中迫切需要解决的问题，既有现实意义，又有长远意义。"

"冷静、客观地分析一下我国近几年的建筑创作情况，应当也是很不理想的。一个现象是国内举办的国际性方案竞赛，其结果得奖的几乎都不是国内设计单位；第二个现象，我们连续几届评选优秀设计，评建筑设计金奖很难。评上的也难以拿出去和国外优秀作品相比。"

总之，笔者认为，叶理事长所讲的问题要想取得较大的进展，特别需要调整和处理好下列几方面的关系：

（1）正确处理行业与学科的关系。积我国建筑业60年之实践经验，其中最大的教训之一便是"有业无学"——重视产业而不重视学科的发展与建设。其实，产业与学科的关系是"蛋"与"鸡"的关系。处理得当会形成"鸡生蛋—蛋生鸡"的良性循环；处理不当，则会出现"杀鸡取蛋"或"灭蛋绝鸡"的恶果。

（2）正确处理信息、物质、能量三者的关系。文化本身就是信息。建筑设计首先完成的也是信息产品。信息和物质材料、能量一样，是并列组成客观世界的三大基本要素。目前对信息的认识不足或是步入了新的误区，尚没有学会正确的收集、加工、创造信息的本领。知识经济时代，知识信息就是财富，原创性信息是最重要的财富。

（3）正确处理计划与市场的关系。文化市场，包括建筑设计（创作）市场的开放和管理，是我们遇到的新问题。不能盲目地跟着市场走，要有计划地保证主体文化，关系国计民生的重点设计项目的质量和水平，采取相应的措施和政策。比如住宅中的经济适用房和廉租屋的建设和管理影响极大，要十分重视房地产开发的这一块。

（4）正确处理职业与文化的关系。目前，社会上很多人只把建筑师和房地产开发看作能赚钱的职业，而对建筑文化是跨世纪的文化事业这一点认识不足，以致产生了许多低水平、商业化而没有文化内涵的建筑设计，甚至设计质量低劣的垃圾房建设，十分值得重视，应及时纠正。

——原载《重庆建筑》2010年01期

中国营造学社与营造法式

——纪念中国营造学社成立80周年

当我们回顾20世纪中国建筑所走过的百年历程，会惊奇地发现，中国营造学社从成立之日起，其贡献和影响至80年而未衰，而且今后它对中国建筑的发展还将继续发生影响。《营造法式》是由宋代任将作监的李诫（明仲）主持编修的一部划时代的中国木结构建筑百科全书。先后用了36年于1100年编成。全书共36卷357篇3555条。是对历代工匠传留的经验及当时建筑技术成就作了全面系统的总结，是当时中原地区官式建筑规范。它比北宋时期完成的《元祐法式》有很大的进步。该书将"材分八等"，标明了我国传统的"以材为主"的木结构的各种比例数据，揭示了我国传统的"木工特点"。

成立于1929年的这个营造学社，于《营造法式》成书800多年之后，由于以朱启钤、梁思成等为代表的学者们，具有许多建筑学理念和现代科学的研究方法，对《营造法式》有了再发现、再研究，并借此发扬中国建筑的优秀传统。1929～1946年，以研究中国营造宗旨的中国营造学社，在前后17年里，完成了我国有关建筑重要古籍的整理、校对和出版，调查了2783处古建筑，测绘了重要古建筑206组，从而基本上弄清了我国建筑发展的脉络及历史。

与此同时，学社传播了中国建筑史文献研究与调查实践并重的新思想、新方法，团结了众多仁人志士、社会名流，培养了一代建筑科学技术史研究人才。总之，营造学社以及其80年来的成就和影响，构成了百年中国建筑史上的一大奇观，很值得我们回顾、思考、研究、借鉴，以使21世纪中国建筑的发展有更新的思路和成果。

纵观已经过去的1000年中，11世纪（即宋、元、明、清代）是中国科学技术在世界上领先的高峰时期。《营造法式》标志着中国木构建筑的成熟。20世纪30年代则是中国近代建筑的辉煌时期，当时建筑设计与施工水平与国际先进水平比较接近。在上海、北京、天津、广州甚至重庆、昆明等地，完成了一些具有现代水准的中国建筑，南京的中山陵、广州的孙中山纪念堂等是其中最具有代表性的建筑作品。

1949年，中华人民共和国成立之后，一直到1959年甚至1989年，学社社员及其培养的第一批建筑人才在建筑科学研究、规划设计、建筑教育等方面都发挥了重要作用，出现了许多重要的学术成果和优秀的建筑设计作品，包括古城和古建筑文物保护等工作也是学社的成员起着骨干作用，老一代如梁思成、刘敦桢、陈植、罗哲文，中年一代如阮仪三、张锦秋、萧默等。

如果把中华人民共和国这60年建筑发展分成两个阶段的话，到1979年前的30年，学社成员及其子弟还在直接起作用，后30年也是改革开放后直到90年代，出国留学人员大批归来，新一代建筑人才才大批成长起来发挥作用，中国现代建筑蓬勃发展的新时期到来。

如今，从数量上看，中国确实是"建筑大国"，每年有几亿至十几亿平方米的建设量，然而，不得不承认，从建筑质量和水平上看，我国仍然不是"建筑强国"，存在不少工程质量问题，在建筑理论、设计的创新、科学技术的含量、建筑评论、建筑文化内涵等方面与国际先进水平存在不小的差距。因此，在我们纪念学社成立80年之际，总揽60年之际，思考一下李约瑟难题——"中国建筑科学技术近代落后的原因是什么？"这个问题是很有必要的。

从社会构成的角度看，中国营造学社是在官方与民间起中介作用的学会组织。它在中国建筑史上为什么能起那么大作用？该如何发挥民间学术组织的作用？看来需要有新的思路和新的做法。

关于学会的作用，20世纪梁启超先生有过十分精彩的专论，他说，"西人之为学，有一学便有一会……会中有书，以便翻阅，有器以便试验，有报以便布所知，有师友以便讲求疑义。故学无不成，新法日出，以为民用。"他还说，"……遵此行之，一年而豪杰集，三年而诸学备，九年而风气成"。中国营造学社正是沿着这条有会、有书、有报、有师友、有试验、有新知、有新法……不断实践、不断创新走上成功之路的。我们现有的学会、协会的朋友们是否也应该继承和发扬学社这优良传统呢？

——原载《重庆建筑》2009年09期

回归公民建筑

——评选丑陋建筑活动好

2009年，就在庆祝中华人民共和国成立60周年前后，《南方都市报》等几家媒体联合发起"走向公民建筑"评选活动。这乃是一次深刻的反思和呼唤，是呼唤全社会回归建筑本质的活动。正如被誉为公民建筑大师的冯纪忠教授所言："所有的建筑都是公民建筑。在我们现在所处的时代是公民建筑才是真正的建筑。如果我们不是为公民服务，不能体现公民的利益，就不是真正的建筑。"

笔者认为，建筑事业是为人类建设生态环境的科学与艺术的事业，建筑事业是为公民服务的社会事业，理应"百年大计，质量第一"。而随着市场商业大潮的洗涤，这些常识似乎已经被人们忘记了！

2010年，又是国庆前夕，《畅言网》发起了"中国十大丑陋建筑评选活动"。我认为，这乃是前一年"走向公民建筑"评选活动的深化，它有助于我们的建筑事业回归本位，设计建造出更多合格的、优秀的"公民建筑"。

一、什么是丑陋建筑

可不可以这么说，丑陋建筑就是"以公民为敌的建筑"。它不为公民的物质、精神（包括审美）需求服务，而是反其道而行之，故作此言。

二、丑陋建筑丑在哪里

参与此次活动的专家和公众为评选丑陋建筑推出九条标准：①使用功能极不合理；②与周围环境和自然条件极不和谐；③抄袭、山寨；④盲目崇洋仿古；⑤折中拼凑；⑥盲目仿生；⑦刻意象征隐喻；⑧体态怪异恶俗；⑨明知丑陋一意孤行。

三、审丑活动的意义在哪里

审丑是一种觉悟反思和批评。知"今是而昨非"才能进步。

多少年来，社会从上到下的人们津津乐道的是审美，其结果往往是陶醉在自我欣赏自我感觉过度良好的状态之中，甚至对存在的问题真有些麻木了。此刻的审丑活动无疑是一服清醒剂，它促使人们震惊、反思、改革，在建筑事业上真正实行按科学发展观办事，"回归公民建筑"。

三个多月来，到今年初，先后有几十位设计师、建筑专家和几千人参与了《畅言网》组织的这项活动，应当讲是开门红，其影响不小，已经取得阶段性成果。现已评出候选"中国十大丑陋建筑"中的前五十名。

作为建筑学的专业人员，当我看到进入候选的这50名丑陋建筑时，我感到十分痛心，十分惭愧，十分惶恐：把我看傻了，看呆了，看怕了，怎么竟然有这么多、这么丑、这么庞然大物的建筑问世，竟然无人追究和批评？其丑陋建筑的规模、范围、问题的严重程度大概也完全出乎发起者的预料！其丑陋表演的花样和危害也远远超出了起初所列的九条标准（九大罪状）！

四、为什么会出现丑陋建筑？

"艺成而下"这句古语很深刻，当从艺的人没有了道德底线时什么下流事都会作出来。这也是古人强调"德成则上"的原因。

从这2010年中国十大丑陋建筑评选前50名的图像中，我们可以看到他们的设计者和建造者、所有者通过这些丑陋建筑体现的是什么样的"梦想成真"——发财梦、升官梦、出名梦、崇洋梦、仿生梦、仿古梦……多么可怕的梦啊！浪费了多少土地、资源、纳税人的金钱和血汗！这难道不是百分之百的与公民为敌的建筑吗！

仅仅是在50名的名单中便出现了三处模仿天安门，两处模仿美国白宫的伪劣假冒之作。而且财神爷、酒瓶子、孔方兄高高矗立起的高达几十米上百米的巨大形象，奇丑无比！

更让人不能容忍的是，这些巨大的丑陋建筑同时存在于首都、大城市、省城和乡镇。列入此名单的城市有的一个城市内竟拥有七八个入选的丑陋建筑。

真让人难以想象，我们的建筑业、建筑学、建筑管理、房地产开发的体制和机制等到底出了什么问题？这是迫待认真调查解决的问题。这些丑陋建筑和如今经常见诸报端的节能建筑、低碳建筑、绿色建筑、生态建筑真是南辕北辙的行为。

众所周知，鉴于建筑事业、建筑学科的科学性、艺术性、综合性和社会性，它是滞后的学科和事业，尤其需要全社会的理解、参与、支持、尊重，特别是监督和批评。当然，建筑界从业者的自重、自觉更是不可或缺的。所以，我寄希望于2011年，建筑业和建筑科学能得到建筑界更多的自重和社会各界的关注和促进。

著名建筑设计师贝聿铭言："如果借建筑，能够把更多人的生活、工作和人生观协调起来，那么我的责任也算尽到了。"笔者认为，这才是建筑界从业人员应有的"回归公民建筑"的态度和思路。

——原载《重庆建筑》2011年04期

童年的建筑憧憬

我要讲童年的故事，讲我在建筑的美丽幻想中成长的故事，讲童年的梦陪伴我成为建筑师的故事……

一、青岛——开心的建筑大花园

1939年我生在日本东京，两岁多回到青岛时，由于听不懂汉语，从小就显得呆傻、愚笨，不大讨人喜欢，然而却养成了我好静、喜欢独处的性格和爱读书的习惯。

在青岛的四年是我最开心的四年，青岛对于我就是一个开心的大花园。

从家里窗户便可以看到青岛市内的制高点——信号山，它是我上下学的必经之地。

20世纪40年代初的青岛马路，随着地势高低起伏，十分干净。车不多，转角处还装置了大镜子，行人可以在这条路上看到另一条路上的风景。上下学时我常常一个人走，一路上都在"游山玩水"，运气好，能捉到蜻蜓、蚂蚱还有小螃蟹，路旁有鲜红的野山栗子解馋，身上常常有山边的香花和绿草的味道。

青岛的青山、碧海、蓝天，还有那温暖的金沙滩、五光十色的贝壳，迷人的海水浴场、海浪和深褐色的礁石，绿丛中星星点点的红房子，使我似乎置身在俄国诗人普希金《渔夫和金鱼的故事》的美好童话世界中。在那里我成为青岛山水自然的一分子。

二、北京小学——我建筑事业的摇篮

真正意识到的建筑情结却是从北京小学的校园生活中开始的，北京小学的老师引导我走近了建筑艺术。

建筑事业是艺术的事业，又是科学的事业，它要求建筑师设计人们的生活舞台，塑造人们的生活环境。因此，从事建筑事业的人需要有广泛的知识基础和对环境的热爱。

北京小学培养我对美术、读书、音乐和丰富多彩的校园活动的爱好。

我是北京小学体操队的成员，后来又参加了北京少年之家的美术组，学习绘画和雕塑。我曾爬在小学小木楼的地板上，前前后后临摹了上百张描述两万五千里长征的连环画，对于后来的我作为建筑师需要向业主和社会说明设计的原因和意图，是一个良好的试验开端。

北京小学重视培养学生的读书习惯。在读书中，当我读到苏联小说《远离莫斯科的地方》，知道了建筑事业是很辛苦的职业，从事建筑事业的人特别需要对明天有充分的信心，有为实现美好明天勇敢追求的艰苦努力精神，就决心报考大学建筑系。

我向往那首《建筑工人之歌》："从那海洋走到边疆，我们一生走遍四方，昨夜还是漆黑的山谷今夜是一片灯光……"。

三、北京八中——引导我走上了建筑之路

1951年我有幸成为第一批享用八中新校园的学子。

中学教育是人生的关键时期，八中校园美丽，名师荟萃。有机会和这么些名师在美丽的校园中相聚，我是十分幸运的。八中的六年教育为我奠定了走向社会、面对未来的坚实思想基础。在这里，我惜时如金，继续大量阅读文学名著和练习写作，提高文字和语言表达能力，使我进一步走近建筑，思考和理解建筑，尝试像建筑师那样思考和处理环境问题。

那会儿，我参加美术组和"朝花夕拾"文学社，又是北海少年宫的学员，还组织剧团，自任导演，请著名演员周森冠、作家玛拉沁夫、袁静等到学校座谈，忙的不可开交。

上面这些似乎互不沾边的事，成为我后来职业潜在的基因和业务基础。

1957年，我如愿考入了天津大学建筑系。

四、建筑、文学、戏剧——我终生的兴趣和爱好

回忆童年有趣的建筑蒙太奇，我方才意识到，我终生的兴趣和爱好有三个，即建筑、文学和戏剧。

先说文学和戏剧。

建筑是文化，文学也是文化。建筑和文学是一脉相通的。杰出文学家的作品常常会赋予建筑家灵感。我曾受益于多位文学家的作品，其中苏联小说《远离莫斯科的地方》对我选择建筑专业起了最直接的作用。小说中的主角，老工程师托波列夫和青年建筑师阿里克塞，在建设苏联远东输油管工程中的忘我形象，让我感动不已。

而戏剧呢？中学时代，正值俄国戏剧大师斯坦尼斯拉夫斯基的导演体系理论在中

国风行，我们受其影响，在拍剧、设计舞台布景的过程中，发挥我绘画的特长，力求把真实的建筑简练地反映到舞台上，由此更激发了我学习建筑的热情。

最后谈谈建筑大师和建筑杰作。作为建筑师，我的职业特点是塑造那些能够让人们诗意栖居的建筑环境，杰出的建筑大师和建筑杰作对人有绝对的影响——如在华裔法国华揽洪建筑大师指导下工作过的程建筑师，曾到八中作有关八中校园设计的专题报告。他说："八中校门转了约60度角，正对着按院胡同东口，斜着的门墙如同主人请您入内的手势，与今天门前常常用英文写上'Welcome To'（欢迎您的到来）是一个意思"。他的话使少年的我恍然大悟，原来建筑是有生命的，有感情的，是可以与人对话的。

童年我记忆深的建筑杰作，除了北京八中的校园，还有北京儿童医院和三里河四部一会的大屋顶建筑，我当时在作文中称它们"实用而且壮观"，后来才知道原来是张开济大师和张镈大师的作品。

冰心老人曾说："童年，是梦中的真，是真中的梦。"

对我来说，童年的建筑憧憬就是这样啊！

——原载《重庆建筑》2014年02期

敬赠莫老[1]

足迹硕果遍九州，[2]实践创作六五年。

擎旗岭南奔"三忘"[3]，追随先贤史无前。[4]

顾孟潮2000年3月2日草于北京寓所[5]

注：

[1] 赞莫伯治院士（1913–2002）自撰《建筑创作的实践与思维》一文，刊于《建筑学报》2002年第5期。莫老此文言简意深，该述了一位炉火纯青境界的建筑设计创作艺术大师成长的足迹和心路历程。对我辈中青年后继者颇有启示教育作用，值得认真研读。

莫老年届八七仍孜孜不倦创作实践，坚持著书立说，而且创作生涯如此恒长，作品水平如此高深丰富的建筑师，在中国当代建筑艺术史上恐难得第二人。

[2] 莫老主要的设计作品有：广州北园酒家（1958年，受到梁思成表扬）；广州矿泉别墅（1974年，园林式宾馆代表作，载入弗莱彻《世界建筑史》）；广州白云宾馆（1976年，中国第一个超高层，33层）；广州白天鹅宾馆（1983年，中国第一个引进外资的五星级宾馆）；广州红线女艺术中心（1999年，新表现主义代表作）；澳门新竹苑（1998年）；沈阳嘉阳协和广场（2000年）；汕头市中级人民法院（2000年）；中国工商银行珠海软件开发中心（1998年）。

[3] "三忘"：指明代学者文文震亨（1581–1645）《长物志》"室庐"中对居室的描述，"令居之者忘老，寓之者忘归，游之者忘倦"的境界。

[4] 莫老曾师从夏昌世教授（1903–2002），并参与过夏老的岭南庭园的调查协作过程，学习前辈理论实践获益良多。

[5] 今年逢诞辰莫伯治100周年，《莫伯治建筑创作实践与理念》一书隆重推出发布会未能到场祝贺，特重检旧作以示纪念。

——原载《重庆建筑》2014年07期

我的建筑工人情结

春节前夕，我收到了《建筑工人》编辑部征求其创刊30周年纪念文稿的信函。短短的约稿函和信中的几个关键数字"3000余万职工，发行3600余万册，发表文稿1万余篇……"，使我浮想联翩，遂成此文。

奥地利心理学家弗洛伊德断言人类有"恋母情结"。如今我发现人类都有"建筑情结"，这大概属于"恋母情结"的一部分。因为，人类能够独立于自然界，人能在离开母腹之后生存和发展，人的全部生活史、生命史、文化史，从人生的摇篮开始到墓地为止，时刻也离不开建筑，离不开房屋，这大概是几乎每个人都有建筑情结、建筑基因的缘故吧。

以上的联想和议论是我的亲身体会，并非因为我从事了一辈子建筑专业而有意做此夸大之辞。

学建筑专业我便是从当建筑工人开始的。记得在上初中放暑假时，我就曾勤工俭学当建筑小工，从筛沙子、拌砂浆开始学建筑。后来到大学专门学建筑专业，又贯彻"教育与生产劳动相结合方针"，到建筑工地向工人师傅学习砌墙、抹灰、绑钢筋、浇筑钢筋混凝土等手艺。

待毕业参军后，我又带领军队的干部战士为自己盖营房、设计营房、规划建设营区。为了帮助军工较快地掌握砌砖、抹灰、测量、验收等技术关键，我还专门编写了军工培训资料的顺口溜，有图有简短的文字。比如砌砖墙的顺口溜"要想砌好砖，用好七分头，七分调个头，面砖跟它走……"，只有六十个字。

我是从当建筑工人干起的，所以我决不迷信什么"建筑专家""建筑大师""建筑技术""建筑艺术"等等说法。说到底，这些都是人干的，所谓专家、大师，本质上也是"建筑工人"——建筑技术、建筑艺术本质上就是建筑工人工作的技术和艺术……

从这个意义上讲，我国只有3000万建筑职工（或读者）的统计数字真是太小太小了。几亿农民、几千年来，他们的房舍（民居）有多少是专业职工盖的？因此，可否认为，每个人都有建筑基因，都有一些建筑文化、建筑技术、建筑艺术水平，只是这种水平在不断发展提高而已。因此，发行3600万册、1万多篇文稿似乎也是太少太少了！我国建筑的市场和需求太大了，应当还有广阔的发挥天地。我们不能只看到作为建筑职业工作的技术和操作，而轻视了有建筑情结、有建筑文化精神需求的人。

正如美国城市发展史家、文化学者刘易斯·芒福德所言：城市与建筑是文化的容器。要了解一个国家、一个地方的文化，你看看他们的城市与建筑就明白了。北京的《新京报》在庆祝其"北京地理"专版发行1000期得到广泛反响，这里很有些值得借鉴的经验。

我国是建筑大国，城乡建设的规模是世界第一。每年有多少人在从事建筑工作，多少人在看房、买房、卖房和装修房子，只要我们把视野放开，把思路放开，刊物一定会前途无量。为此，我冒昧地建议，贵刊的刊名在第二个30年时可否改一个字，叫《建筑与人》如何？

——原载《建筑工人》2010年07期

望文生义、人云亦云议

——推荐引人深思的一段话和两本小书
（2012年12月14日在瑞达恒建筑年会上的发言）

主席、各位同行朋友：下午好！

我很高兴参加这次与畅言和《生态城市与绿色建筑》杂志有关的瑞达恒建筑年会，因为有机会和各位交流彼此感兴趣的话题。

我的发言有三个话题，包括一个教训、一段话和推荐两本小书。

一、一个教训

这是评2012年十大丑陋建筑时的教训。前50名候选名单中已把中央电视台大楼新楼列入第23项。这是个教训。为什么？因为许多网友望文生义、人云亦云地投票。作为评委我很担心如果它入选前十名，我们将犯一个不能容忍的错误。

荷兰大都会建筑事务所OMA主管亚洲事务的合伙人大卫·希艾莱特请求中国朋友：请用比较尊重的态度评论！他说明了央视新大楼的设计理念，他强调该设计要与北京市民互动。他说："央视新大楼不仅是一个外观新奇的建筑，而且是在微观和宏观层面都会与北京市民发生联系。""很多建筑都是做出一种宣言，我们的大楼不是，它不只是一种宣言，而是与周围的环境产生一定的互动——不是所有的标志建筑都是如此。"

"另外大楼有一个环形公共参观动力线的设计，如果市民徒步走过整个环形，就能看到电视制作的各个阶段，包括前期准备、录制、后期制作和对外播放等。"

这种开放的、互动的设计理念都是很有价值的创意。而我们许多人用"大裤衩"这种庸俗不堪的联想将它湮没了。设计人不无遗憾地讲："中国人太富于联想了！"听这话我脸上发热，不知各位有何感觉？

二、一段话

我这里读一段130年前美国科学家罗兰在美国《科学》杂志上撰文，文章中非常刺激的几句话。他说：

> "我时常被问及，科学与应用科学究竟何者对世界更重要？为了应用科学，科学本身必须存在，如果停止科学的进步，只留意应用，我们很快就会退化成中国人那样，多少代人以来他们都没有什么进步，因为他们只满足应用，却从未追问过原理，这些原理就构成了纯科学。中国人知道火药应用已经若干世纪，如果正确探索其原理，就会在获得众多应用的同时发展出化学，甚至物理学。因为没有寻根问底，中国人已远远落后于世界的进步。我们现在只将这个所有民族中最古老、人口最多的民族当成野蛮人……当其他国家在竞赛中领先时，我们国家（美国）能满足于袖手旁观吗？难道我们总是匍匐在尘土中去捡富人餐桌上掉下来的面包屑，并因为有更多的面包屑而认为自己比他人更富裕吗？不要忘记，面包是所有面包屑的来源。"（摘自《民主与科学》2012年5期第5页）

读这段话的目的是，想在送旧迎新的时刻，能够和各位朋友一起回顾一下，我们有多少自制的面包，又在多大的程度上是靠吃面包屑过日子？

三、两本小书

一本小书是430年前（1582年，明代）诞生的计成著的《园冶》。今年在武汉我国首次召开纪念计成诞辰430年的国际学术研讨会，到会的学者来自十多个国家。因为这本380年前问世的《园冶》被公认为是世界园林史上最早的理论经典。

另一本是著名科学家《钱学森论建筑科学》的小册子。

《园冶》文字不过14500字，作为世界园林史上最早的理论经典，它内容十分丰富，非常耐读。《钱学森论建筑科学》150页，对园林艺术、建筑科学和山水城市有深刻的创造性的论述。

两本书都是中国人自造的"面包"，是世界公认的原创性的书。在我们进行城市与建筑的生态文明建设时，这两本书，在一定意义上，堪称"必读"或"不可不读"的参考书。

如《园冶》开篇不足800字的"兴造论"，提出了园林设计与建造的6字真言——因、借、体、宜、主、费，特别强调了主人的作用："世之兴造，专主鸠匠，独不闻

'三分匠，七分主人'之谚乎，非主人也，能主之人也。"试问我们的城市、建筑、园林景观界，人均有多少"能主之人"呢？

再如，《钱学森论建筑科学》对园林学、园林艺术作出了科学定性和定量分析，把景观分为6个层次，强调中国园林艺术是更高一级的艺术产物，外国的landscape、gardenning、horticulture都不是"园林"的相对字眼，我们不能把外国的东西与中国的"园林"混在一起。他主张兴建绿色节能建筑，并构想了"山水城市"，这一绿色生态城市设计建设目标。

其实，中国历史上不仅有430年前的计成和当代的钱学森在倡导绿色建筑、生态园林、山水城市。两千多年前，中国的自然观便是"天定胜人""人定胜天"和"天人合一"。只是到了明代末计成提出"虽由人作，宛自天开"，这乃是明确的人与自然合作的理念。380年过去了，《园冶》的许多理论仍然可以与现代科学理念接轨。计成的6字真言更是环境艺术理论的精华。然而，目前的媒体专家和舆论中，很少介绍中国建筑文化中的这些精华，似乎环境观念、生态意识等等都是"舶来品"，中国全要从零开始，都要向外国人学习，这是很错误的想法和做法。

总之，希望新的一年里，我们多创造自己的"面包"，少拣或不拣人家的"面包屑"，而且要发出自己的声音，在网上、会上和实践中激发出更多原创性的思路。让"思路管财路，思路引导财路"，而不要陷入"财路管思路""唯财是举"的恶性循环之中。发财和赚钱当然很重要，千万不可当成唯一的奋斗目标。

发挥建筑评论提升建筑设计
创新整体水平的作用

一、建筑评论的现状

多年来，我国的建筑评论一直处于边缘地位。甚至不少人认为，评论是设计的附庸可有可无，由着媒体和房地产开发商任意发挥。一些建筑师介绍自己的设计时往往是自说自话，有些自我感觉过于良好。虽然互联网络上的建筑评论量很大，但多是自发的、散兵游勇式、视觉审美为主的评论。总之，这四个方面的建筑评论几乎把数量有限的专业人员科学的、深入具体的建筑评论声音淹没了。因此对于提升建筑设计创新整体水平的作用十分有限。

这种状况源于媒体和网络评论自身的特点。其特点正如朱光亚教授在《当代中国建筑设计现状与发展研究》专题报告所言：

（1）大多提到的现象刚刚触及本质而不能展开；

（2）大多激烈而欠缺剖析；

（3）大多止于提出问题而无答案；

（4）声音达不到上层。

刘向华博士列举了一些来自视觉审美的评论：新世纪以来，各种恶俗建筑似潮水般涌来，如赤裸裸一组圆形方孔大钱的沈阳方圆大厦，活脱脱一顶染红官帽的上海世博会"东方之冠"中国馆，建筑师李祖原设计的"龙图腾"北京盘古大观，更是以其"具象设计、微物放大"的手法荣膺中国最丑陋的十大建筑之列（图1）。而沈阳方圆大厦还先后入美国有线电视新闻网和英国《卫报》旗下网站的世界最丑建筑排行榜。

笔者曾亲历畅言网组织的2012年十大丑陋建筑的评选。见到全国各地多年来积累了那么多丑陋建筑，很是感慨！江苏无锡一下子冒出5座"白宫"，全国出现很多山寨版的天安门、白宫、鸟巢，还有什么酒瓶、铜钱、乒乓球拍等形状的建筑，不知浪费了多少人力、物力、财力、资源和能源！让纳税人目不忍睹。

难得的是《美术观察》编者，从年初开始组织了"建筑创新对城市建设有贡献吗？"的专题讨论。用21个版面荟萃了讨论成果，包括6篇文章和10余人的发言，乃是名副其实的正能量的声音，是建筑界自身的反思和剖析。笔者认为，这是一次有助于提高建筑创新整体水平的建筑评论，值得关心建筑创新的朋友研读和借鉴。

这次讨论的特点是，对目前建筑创新的乱象针对性强、主题明确、有个案实例、有深入的分析，有解决问题的答案，有其理论和实践的说服力和启发性。

二、罗兰比喻的启示

建筑设计属于应用科学技术。目前建筑创新的乱象再次提醒我们，建筑设计创新绝非是"眉头一皱，计上心来"那么简单的事情，它必须是根据相应的基础科学原理，以应用科学技术为基础的事业，不单单是视觉审美范围的操作。

130年前，美国科学家罗兰在回答"科学与应用科学究竟何者对世界更重要"时，曾经这样说："为了应用科学，科学本身必须存在，如果停止科学的进步，只留意应用，我们很快就会退化成中国人那样，多少代人以来他们没有什么进步，因为他们只满足应用，却从未追求过原理，这些原理就构成了纯科学。中国人知道火药应用已经若干世纪，如果正确探索其原理，就会在获得众多运用的同时发展出化学，甚至物理学。因为没有寻根究底，中国人已经远远落后于世界的进步。我们现在只将这个所有民族中最古老、人口最多的民族当成野蛮人……"

罗兰针对人们普遍忽视"原理"忽视"纯科学"的现象，他用"面包"和"面包屑"的比喻说："当其他国家在竞赛中领先时，我们国家（美国）能袖手旁观吗？难道我们总是匍匐在尘土中去捡富人餐桌上掉下来的面包屑，并因为有更多的面包屑而认为自己比他人更富裕吗？不要忘记，面包是所有面包屑的来源。"

请各位想一想，我们设计建造的建筑、城市、园林，不也应当像在为人们制作"面包"吗？我们设计建造了多少自制的"面包"？又在多大程度上靠"面包屑"过日子？我们何时才能从"中国制造"升华到"中国设计"的新境界呢？而不再满足于为别国的设计打工搞初级的制造呢？所以说，在经济和社会文明发展中重视设计创新是非常重要的事。人们说设计是建设工程的灵魂和基础也是这个意思。

三、设计创新和"设计型思考"

不久前，台湾建筑界学术权威人士汉宝德先生创造了一个关键词：设计型思考。而且以此为书名写成一本书。这是一部从失败说起、从找碴儿说起、从思考说起的书，能授人以渔、充满哲学智慧和实践经验、启发人们思考的好书，值得设计界内外人士认真研读的书。

关于什么是设计和"设计型思考"，书中释义："设计是把问题弄清楚，设法解决而已；在生活艺术中，创造的活动称为设计，是一种感性和理性结合的反应；设计还是文明进步的基本力量。设计型思考是系统思考的方法，是以创意为中心的理性思考的过程，是现代人达成梦想的手段。创造性思考需要一个理性的架构来撑持才能完成设计任务。"

关于设计思考的起点和途径，书中表述："设计型思考的起点是改善现况，丢开过去，所以先要找过去的碴儿，也就是对现况不满。设计就不能认命。由于我们认命的生命观，使我们放弃了对现况不满的态度，失去了发掘问题的敏感度。设计是创造行为，而计划是有系统的做事方法，这两种是相辅相成的。计划与设计原本是一体的，以计划为手段，达到设计的目的。"

汉宝德先生书中这两段话，把什么是设计以及设计型思考讲得明明白白。而且表明了找碴儿和对现况不满——进行建筑评论的重要性。评论是推动设计创新整体水平提高的基本动力。此外，汉老还强调计划作为手段的辅助作用。而如像铜钱、像白宫、像天安门……这类所谓设计创新往往一开始计划就走上歧路，又容不得别人的评论，又怎能有成功的正能量的设计成果呢？

四、设计思维的特点

创新，或者说原创性的设计，是指独一无二的属于你特有的设计思想和设计行为。所谓的创新，它只适合此时此地此项目的特定要求以及相应的客户（client）和用户（user）的需要。它必须"让以用户为主体的相关利益者'参与'到设计过程中，这在后现代设计观念中比任何'主义'都有更持久的生命力"。它不是靠模仿和重复别人的设计思想及设计模式的行为。原创性的本质特点在于有创新性、突破性、开拓性和综合性（兼容多方面的意见），其过程要经历准备、酝酿到突破等不同的阶段。

设计思维的本质特点与一般人们的思维特点是一致的，需要遵循共同的思维走向规律。

建筑设计创新的科学思维是从有效思维开始的。

有效思维阶段：Law意识、情景意识、角色意识、换位意识、风险意识和表达意识；这还是设计型思维的起始阶段必须经历的有效思维过程。

建筑设计真正希望有所创造时，即进入创造思维阶段：又必须有学习意识、问题意识、批判意识、逆向意识；进入思维的跨越阶段：则必须有张力意识、品位意识和境界意识。

总之，设计产品是思维信息产品，必须三思而行，先后必须完成思维的全过程的三个阶段，即从感性思维（有效思维）进入理性思维的阶段（创造思维和跨越思维）才能得心应手地完成达到一定境界的设计作品。借助这个思维走向的要素、要点与境界，对我们的一些设计作品的准备、酝酿到完成的设计全过程加以评论、剖析，便会发现存在问题的关键是什么，才能找到从整体上提高设计创新水平的出路。

五、原创性人物举例

这里举几个今古中外的原创性人物的观点和做法，供有兴趣的同行参考。

1．乔布斯（1946—2011年）

举世瞩目的乔布斯，将其最宝贵的经验概述为10个关键词：嫁接、信任、勇敢、轨迹、倾听、期待、成功、人才、求知、可能。

这些话似乎是老生常谈，但当我们用乔布斯的人生轨迹解读他这些关键词时，就会体会到其丰富深刻的内涵。这10个关键词既是他创新思维的路径方法，又是其创新哲学和创新成功的轨迹。

乔布斯对批评有独特的见解，他常说："别关注正确，关注成功。"

乔布斯的话对我们深有启发。创新不能让已有的所谓"正确"挡路，批评往往是突破的开端。批评是理论创新、思路创新的起点，这些属于源头创新，而不是满足于"微创新"。

乔布斯每实现一项创新建设时几乎都从批评开始的，这是他长久以来反主流文化的习惯做法。他认为，批评与建设没有可比性，不能随意地讲批评和建设哪一个更容易。笔者认为，这是因为：怀疑和批判是建筑评论的灵魂，往往是建筑评论的创新，为建筑设计的创新打开新的视野和新的思路。建筑设计实践又将给予评论者新的启发和灵感。设计和评论是互动双赢、比翼齐飞的。

2．约翰逊（1906—）

约翰逊强调，建筑创作是从脚底板（footprint）开始的。

这是建筑大师的回答，要想真正体验到未来使用建筑空间的主人（是用户而不仅仅是客户）的角色需求，必须从脚底板开始进入角色，这属于有效思维的方法和思路。

自古以来，中国建筑就十分重视脚底板的感觉。从建筑景观的层次来说，这是"零层次"的感受，是接触的真确的感觉。如，设计园林建筑和纪念性建筑，就必须十分重视地面的做法、地面材料的选择，才有助于人们进入诗情画意和庄严肃穆的境界。建筑作为环境的科学和艺术，设计者的创作从脚底板开始、深入现场，尤其显得十分重要。这是在阅读大地、体验环境情景、体验建筑主人的角色需求和设计创新的可能性、激发设计创新灵感的机会。

3．计成（1582—？）

431年前诞生的计成的名著《园冶》，早已被世界园林界公认为园林史上最早的理论经典。此书无疑是中国人自制的"面包"杰作。

《园冶》提出了园林设计与建造的6字真言——因、借、体、宜、主、费。可谓抓住了建筑作为环境科学和艺术的精华。

《园冶》特别强调了主人（用户）的作用："世之兴造，专主鸠匠，独不闻'三分匠，七分主人'之谚乎，非主人也，能主之人也。"此话提示设计师需要反思，自己可是真正的"能主之人"还只是"鸠匠"层次的设计人？切忌自我感觉过于良好。

《园冶》全文不过14500字，其内容十分丰富，非常耐读，是世界公认的原创性著作。读原书的古文可能会有些难度，但值得下这个功夫，据最近出版的《园冶读本》作者王绍增先生说，他"经历近50年之后，才摸索到读懂《园冶》的基本方法"。因此，我坚信该书绝对有助于读者领略《园冶》的精华所在。

笔者认为，尽管380多年过去了，《园冶》的许多理论至今仍然可以与现代科学理念接轨。在《园冶》理论的引导下，我们则会比较容易地走上创作出具有中国特色的建筑艺术精品之路。遗憾的是，目前的国内媒体、专家和舆论多是迷信外国，则很少介绍这些中华民族文化的精华，似乎环境观念、生态意识等等全都是"舶来品"，中国全都要从零开始学，全都要向外国人学习，这是很错误的想法和做法。

4．钱学森（1911—2010年）

著名科学家钱学森对建筑科学和艺术有着深刻的创造性的论述。

钱老对园林学、园林艺术做出科学的定性和定量分析。他强调，中国园林艺术是更高一级的艺术产物而外国的landscape、gardenning、horticulture都不是"园林"的相对字眼，不能把我国的东西与中国的"园林"混在一起。

钱老主张，兴建绿色节能建筑，并构想了"山水城市"，这一绿色生态城市的建设目标。这些是否也可以理解为，这是钱学森先生科学地继承并且创造性地发展《园冶》理论结出的现代硕果呢?

　　总之,笔者期望,我国的建筑评论的理论和实践早日能够有助于从整体上促进中国建筑设计创新水平,早日形成评论和设计创新互动双赢持续发展的形势,借鉴《美术观察》"建筑创新对城市建设有贡献吗?"专题讨论作为可喜的开端。

注释:中国建筑评论理论与实践评述之一见2014年第1期《新建筑》第152~153页,顾孟潮:建筑评论与建筑设计之间——论中国现代建筑评论理论与实践30年(1979-2009)评述之一。

——原载《重庆建筑》2015年06期

帝王与建筑（从建筑人看建筑史之一）

——读张钦楠《中国古代建筑师》

《中国古代建筑师》是张钦楠先生"学习中国通史和文化史，寻找中国古代建筑师过程"的硕果（见《中国古代建筑师》，生活·读书·新知三联书店出版2008年，第1版印数10000册，18万字，后记）。

作者从阅读和寻找中，看到了民间匠师、文人、官方大将乃至汉族和周边民族之间在建筑观念和操作技术上的相互影响。著此书的目的在于"衷心希望，我们的史学家们，能够在'人''事''物'（城市、建筑、园林工艺品等）并举之下，给那些'物'的创造者以应有的地位。"

该书在实现作者心愿方面，即在建筑文化史研究上确实是颇具开拓性的重要著作。不仅继承了司马迁《史记》以来"人"和"事"并举，以"人"为主的史学优秀传统，而且创造性提出"人、事、物三并举"的史学研究路径，十分有启示和示范的意义。我读之颇有"相见恨晚"的之感。

此书比李邕光先生强调"从建筑人看建筑史"显然有更加深入和细致处。而且原本此书出版在李书（2013年）之前的2008年，虽然我是先读了后者，仍然觉得应把此书列为"之一"。

作者指出，被称作"时代的镜子""文化缩影"的建筑好像是沉默无言的。但是，我们可以通过建筑这面镜子和他的建造者（甚至是几百年几千年前的人或人们）进行文化交流。所以说，建筑在谱写历史，或者说，建筑师有意无意地谱写历史。

他分析，建筑师的厄运，主要源于两方面原因：1. 中国古代社会对科学技术的蔑视；学术界重视人文轻视自然科学和技术科学；重视综合论道轻视具体分析……2. 建筑的功劳总是归功于帝王和物主。于是，与有名望的诗人、画家相比，建筑师既无名望又无地位，只能沦为"无名氏"。其实，在文化发展中的历史作用上，建筑师是创造历史的重要力量。

　　为了让读者增加对建筑师在文化发展中的历史作用，作者从他找到的200名古代建筑师的行列中选择了具有代表性的人物分别成章介绍，见人、见事、见物、见思想。并以"知识链接"的方式，进行中外比较，介绍同一时期（或同一题材）的国外代表性的建筑与建筑师，试图提供一个更为广泛的历史场景，不仅增加了该书的可读性、可视性和中外建筑的思想市场性，在发人深思后加强了读者与作者的认同感。

　　限于篇幅和主题，本文仅摘取几个发人深思的帝王与建筑实例：

一、周公姬旦与弥牟

　　张先生称周公姬旦与弥牟为"中国第一对都城规划师与建造师搭档"周公的重要贡献之一便是主持洛邑的营造，他在营造洛邑时任用了一位名为弥牟的建筑师（工程师），他的任务是"计丈数，揣高卑，度厚薄，仞沟洫，物土方，量事期，计徒庸，虑材用，书糇粮……"，并编写手册"以令役于诸侯"。这些都是营建一座城市及其建筑不可缺少的工作，但是都属于技术性的工作，按当今的实践标准，他属于建造师一类。至于"新的帝都的全部基本设计，最终负有责任的权威是周公"。

　　周公旦营造洛邑（在今日洛阳附近）是有远大的战略目标的。将新都置于洛水以北，全国的中心地带，"此天下之中，四方入贡道里均"，有利于实施中央政权的权力。

　　比起埃及用石头建造金字塔的伊姆霍特普晚生了1600年的周公旦，在中国建筑史上的地位可以相当于前者。二者都是首相级人物，他们营造的城市和建筑都成为后世仿造的楷模。

二、嬴政、蒙恬

　　作者认为，嬴政、蒙恬是中央集权国家建筑文化的开创者。

　　他说，把秦始皇嬴政（前259-210年）列在建筑师队伍中，似乎比较牵强，但是也不完全没有道理。秦统一全国后，进行了几项大型工程建设，其规模之大，构思之宏伟，恐怕不是一般工匠或官吏所能胜任。当时秦王朝有组织严密的中央和地方政府机构，其中负责土木建筑的部门称为"将作少府"（翦伯赞，《秦汉史》，北京大学出版社，1983）其官员负责工程的具体实施，统率管理"百工"队伍，每次大型工程都要征集几十万人服役，其中有不少俘虏，内中还有来自六国的工匠。没有强大的政权网络，动用庞大人力资源，像长城这样浩大的工程是不可能实施的。然而这些工程的策划及其基本方案的设计，却只能出自最高领导——皇帝本人。所以把秦始皇作为他所策划的工程的总设计师，恐不为过。他策划建造的项目有：

1. 命大将蒙恬以30万以上民工，10年时间修筑的万里长城；
2. 建造驰道（相当于今日的高速公路），从首都通向全国各地；
3. 亲自策划的宫殿群的建造，后因工程过大没能完成。

三、朱棣、蒯祥、吴中、阮安——明都城和宫殿的建造师

朱棣（1360—1481年），明太祖朱元璋的第四子。公元1406年开始营建北京宫殿，公元1420年建成后翌年迁都。

蒯祥（1397—1481年），字廷瑞，吴县香山渔帆村人。祖父蒯思明、父亲蒯福都是有名的木匠。（伊佩霞，《剑桥插图中国史》赵世瑜等译，山东画报出版社，2001）公元1417年蒯祥与父亲应召同往北京，不久蒯福担任"营缮所丞"（崔晋余著《苏州香山帮建筑》，中国建筑工业出版社，2004）。

另外，还有吴中，字思正，山东武城人，任右都御史，1407年改任工部尚书。

阮安，又名阿留，交趾人，永乐年间太监。

张先生认为，朱棣是明北京城的总策划和决策者；吴中（工部大臣）是营造工程的行政主管，阮安是具体构思者，而蒯祥则是皇家建筑师中出类拔萃者，既设计又营建。阮安的设计包括北京的九个城门、城池、宫殿、官府和河道疏通。蒯祥除宫殿官府外，还负责皇陵，他们二人的工作范围有交叉。

从建筑人看建筑史（之二）

——从《建筑师的大学》说起

　　2017年问世的《建筑师的大学》是继《建筑师的童年》（2014）、《建筑师的自白》（2016）之后的"建筑师三部曲"的第三部。

　　历来，治史有三种路径："以史带论""以论带史"和"从人看史"。"建筑师三部曲"的做法属于第三种方式。这种方式长期以来多被中外建筑史学界同仁所忽视，特别是为建筑史学者忽视更为突出。

　　正如2013年出版的巨著《世界建筑历史人物名录——从建筑人看建筑史》编著者李邕光先生（1924—）所指出的：

　　　　"一般书文，专业的或非专业的，多只描述建筑物，而不提建造者，见物不见人。"

　　笔者认同李老的高见。《世界建筑历史人物名录——从建筑人看建筑史》，这可是一部在世界建筑史书出版史上划时代的一部巨著，一部奇书、神书。"见物不见人"是中外建筑史的顽疾，专业人员自我感觉过于良好，似乎只有专业人员是建筑史的主角！该书作者对端正史学作风的精神了不起，出版社的支持了不起，该书将有历史转折点似的推动作用。

　　今年见到《建筑师的大学》出版正是重视"从人看史"的好兆头。正如，中国建筑学会理事长修龙先生在该书的序言所说的："建筑师成长三部曲，鲜活生动地复原了中国建筑学的近代史，读者可以重新回顾那段经历，重新认识那个年代，重新梳理那份人生感悟，非常有意义。"

　　该书和序言再一次证明研究口述历史的重要性，人，才是真实历史的本体，比起石头像的史书，不知其重要性与物比要高出多少倍？只重视后者而忽视前者，是舍本逐末的行为。此"建筑师三部曲"，则是走上"从人看史"、抢救"口述史"的大道。由此想到，此前曾有杨永生先生千方百计地抢救了张镈建筑大师创作道路的"口述史"，开了一个好头，金磊主编接过了这个历史接力棒，可喜、可贺、可赞！

这里，再引李老的治史卓见，他说："过去，人物方面，一般多着重于担任设计的建筑师，其实古来并无建筑师一职，在西方多由石匠、雕塑师、画家兼之。在东方由于以木构为主，所以以画家、木匠，甚至掌管工程的官吏为设计主力，但是，仅从设计层面着眼，未免片面。……"因此，李老在自己的巨著中，补充了许多"建筑人"，他们之中，既有帝王，也有农奴，既有僧侣教士，也有艺师家匠人，尤其可敬佩，还有侏儒或残疾者。

他用101万字、848页的大手笔为"建筑人"作出补天的壮举，实堪赞扬和借鉴。

建筑师虽然只属于"建筑人"的一小部分，但他们确实属于"龙头角色"，由此开始，从建筑师看建筑开始，当然是明智之举！况且该《建筑师的大学》书中的文章作者多有扩大大学的远见和高见，如，主张"大学无界，达人达己"的李纯女士（1964—），认为"校园与社会都是大学"的朱颖先生（1976—），写"大学感悟"的刘建先生（1971—）。文尾还做了这样的历史沉思：

How many designs must a man creates before the call him a architect?

The answer，my friend，is blowing in the wind.

我试想，如果李邕光先生能听到作出这样历史沉思的人竟然是"70后"的"建筑人"，他大概会引为知音吧？

从建筑人看建筑史（之三）

——读李邕光《世界建筑历史人物名录》

李邕光先生该书的副标题为"从建筑人看建筑史"（中国建筑工业出版社，2013年1月版，共848页，101万字）。强调"从建筑人"而不是"从建筑师"看建筑史这一提示，非常重要。

此书按此思路收入1900年前诞生的欧美建筑人795人、中国建筑人295人、日本建筑人53人，合计1143人。

按照编著者的思路，所谓"建筑人"中"既有帝王，也有农奴，既有僧侣教士，也有艺师匠人"。笔者按照艺师匠人、帝王官员、僧侣教士、文化人（含画家、雕塑师等）四类"建筑人"分法，分析了历史上中国263位建筑人的文化结构（不含补遗的32人），发现中国263位建筑人的文化结构基本上是三分天下，即官员占1/3、建筑专业人员（匠人）占1/3、文化人（含僧侣）占1/3。

就建筑业和建筑科学在社会和学科上的地位和作用来说，其排序为帝王官员排首位，商业第二位，文化第三。这是定性分析，比定量分析更为重要。另外，质而言之，官员虽少于建筑专业人员，但他有决策权；商人是投资者，有钱也有很大的决定权；文化人有智慧、有理论、有媒体影响力，这都比专业人员大得多；专业人员不得不甘拜下风，绝不能自我感觉过于良好。建筑史上这四类人员的分工是很明确的，建筑专业人员主要是操作性实干的角色，前三类则是在决策、指导、定方向上起作用。

四类"建筑人"构成数量的百分比　　　　　　　　　　　表1

匠人	官员	僧侣教士	文化人（画家、雕塑师等）
68人（25.8%）	85人（32.3%）	49人（18%）	61人（22.9%）

从表1四类"建筑人"构成数量的百分比看，所体现的建筑本质特征也十分明显。其政治性、社会性、经济性、文化性、宗教信仰习俗性、地域性等所占的比重都远远

超出建筑的科学技术性，所谓的建筑艺术性比起前者来所占的比重十分有限，只能排老四，任何越位的思路和做法都很难实现。

以往的中外建筑史过于凸显建筑专业人员的作用，特别是某某建筑师个人的作用，显然是不符合建筑历史实际情况的做法。李邕光先生此书强调"从人看史"的视角与实践，其难能可贵之处也在于此。"从人入史"的研究思路将会使我们不仅见人、见物、见思想，更见到了历史社会背景与政治、经济、人群等因素对建筑行业和建筑学界的深刻影响，能促进建筑史的撰写与评价更符合历史的真实情况。

有了这种"以人为纲"的思路，才能真正进入科学的建筑史学境界。将会大大地提高我们对建筑人以及其思想、理论、学术成就的推动作用的认知。应加深这些方面的认识和研究，而不再只停留在建筑艺术形式、风格或事件等表层论述上。

模范生态城库里蒂巴经验在中国
——读《未来之城》所想到的

"前事不忘，后事之师"。这里我要讲的是：

模范生态城库里蒂巴（Curitiba）经验在中国传播的情况。

《未来这城》汇集了世界上20个城市的城市规划与管理的先进经验。库里蒂巴虽然仅仅是这20个先进城市中的1/20，而且它本属于不发达国家的城市（或称"第三世界的城市"），却取得了如此值得骄傲的成就，成为世界公认的"生态城市的模范"。正是在这一点上值得中国重视和学习。但是，非常遗憾，我们在库里蒂巴经验诞生（1992年）之后漫长的26年时间里，许多事上，却几乎是背道而驰，走过了一条十分曲折的道路，全然没有把库里蒂巴的好经验当回事，这个教训不能不予以反思。

库里蒂巴的经验，乃是未来城市发展的方向和榜样，是值得学习的城市规划与设计的发展战略，有许多便于学习和操控的举措，是让城市走向自然化、人性化、和谐化的必由之路。

我很同意扉页上专家们的评价"此书是对于城市发展主流思想的一种杰出体现"，是"城市理论和实践的延伸和续篇"，它坚持了"城市是艺术作品又是功能性现实的本质"，而且载有丰富的实例可以供我们具体借鉴。当然，库里蒂巴市仅是世界上诸多城市中的佼佼者之一，但它确实是最接近中国国情极可借鉴的榜样之一。

重温"库里蒂巴"

翻开《未来之城》见到库里蒂巴四个字，让我眼前一亮，十分惊喜。而且看到，序言的作者竟然是巴西库里蒂巴的市长贾米·勒讷写的，他还是建筑师、帕拉州州长，现为国际建筑设计师联合会主席。

"库里蒂巴"的大名，我在20多年前便知道了。1996年3月10日，钱学森先生来信，推荐3月《科学美国人》刊登的介绍库里蒂巴城市规划的文章（见《钱学森论宏观建筑与微观建筑》杭州出版社，2001年6月出版，鲍世行、顾孟潮、涂元季主编，第138页）。当年我曾参与翻译"库里蒂巴的城市规划"一文。因此对其城市规划与管理经验有所了解。读《未来之城》后又增加了不少新的相关知识。重温"库里蒂巴"感到格外亲切，同时遗憾的是，1/4个世纪过去了，未能早日追寻库里蒂巴的前世今生（1645年建成）。

此书中，库里蒂巴是作为都市基金会"20个城市计划"重点研究对象之一出现的（见该书298页），该计划的20城市中有幸还包括中国的上海和香港。

现在才知道，原来早在1992年全球首脑峰会上即明确了库里蒂巴市是"模范和生态城市"，同时还被定为巴西的"生态城市首府"。而且，它在联合国首批命名的5个"最适合人类居住的城市"中榜上有名（前四名依次为温哥华、巴黎、罗马、悉尼）。它已经从一个有严重社会问题和环境问题的城市中解脱出来，成为非常自然化、人性化的世界生态之都。

库里蒂巴之所以能得到这样高的荣誉，正如《未来之城》作者指出，"多年来，在提高城市和环境质量标准的引导下，施行了一系列可持续发展的举措，无疑这与自1970年始，作为建筑专家的贾米·勒讷（Jaime Lerver）担任市长有关，他起了决定性的作用，尽管应该说是全市人奋斗的结果"（见《未来之城》第10章，可持续发展的城市，第221–248页）。

库里蒂巴市城市规划与管理经验

1. 发挥适用技术作用（并没有靠地铁、垃圾处理、污水处理等高新技术），通过有创意、有憧憬、可持续的管理等措施提高城市生活质量。

2. 开创了结合自然的城市规划设计模式。包括发展公共交通而不是发展小轿车、强制性地保护现有自然排水系统，保护与扩大绿化种植面积，由1970年人均0.5平方米起步增长到现在的人均50平方米。

3. "公交优先"的决策。保证了城市主轴线道路交通的高效与便捷，一体化的交通网络、高质量的服务、单一的低票价制、管道停车站。

4. 鼓励公众参与。公布土地公共信息，开办免费环境保护培训学校，提高市民参与环境保护、"绿色交换"、废物利用等活动的积极性。

5. 落实"关心儿童成长"的措施。如对低收入家庭的儿童实行"报童计划"，市"SOS儿童中心"站随时为儿童提供救助，为12000个儿童提供4餐/日。

6. 重视综合性城市化。实现将地理、经济、政治各方面紧密地联系在一起的城市化。改善环境质量，创造就业机会，让社会平衡和节约能源等。

库里蒂巴在中国的四次传播

审看库里蒂巴在中国的传播情况，我们似乎可以悟出一些什么？

首次，在1992年全球首脑峰会上的传播。当时会上就已明确，库里蒂巴市是"模范的生态城市"，是巴西的"生态城市首府"。但参加1992年峰会的中国人，并没有带回这一重要信息。

因此，26年后许多中国读者看到有关信息时，仍然感到新鲜。不知道当年的与会者，到底是没有听到或没有看到有关库里蒂巴的信息？国内媒体上库里蒂巴似乎也未能传播，在网上才可以查阅到。

第2次，如前所述，幸亏1996年3月10日，钱老推荐了3月《科学美国人》登载的介绍库里蒂巴规划的文章，看到这封信和文章英文版的人寥寥可数，显然对此文的重要价值认识不足是其原因之一。

第3次，是《库里蒂巴城市规划》中文版于1999年（7年后）终于在中国期刊上刊出，但是又因为刊登在专业期刊上，未能引起广泛重视。这是十分遗憾的事，前3次共失去了17年时间。

本次新书发布会属于第4次。是在库里蒂巴首次发布后的第27年。该书首版的2004年，远在比利牛斯半岛上的两位西班牙学者——阿方索·维加拉和胡安·路易斯·德拉斯里瓦斯，如此隆重地将库里蒂巴经验作为典型范例推出，它为我们提供了再次学习库里蒂巴等多达20个城市丰富经验的机会。为此我衷心感谢作者、译者、出版者以及促成此次新书出版发布的各位同仁。

建议参照这次发布会做法，会后继续多做一些介绍此书中提供的有关20多个城市的各类重要信息的传播推广工作。让人们知道此书好在哪里，以便借鉴和及时改进我们的城市规划与管理工作。

特别是因为，我国目前正处于城市化发展的关键时刻，及时吸取这些经验十分必要。

长期以来，我国城市建筑遵循的重要原则是6个字："适用、经济、美观"。从20世纪50年代算起，强调了近70年，到去年城市工作会议后增加"绿色"二字，成为8字原则——"适用、经济、绿色、美观"，而现在人们普遍对于"绿色"二字含意的认识、解读还很不够，更缺乏科学权威的理论说明，《未来之城》一书有助于我们形成未来城市建筑规划、城市设计科学理念，指导今后的规划建设实践。《未来之城》这本书在中国出版真是十分及时、功德无量的事情！

总之，我衷心希望而且相信书中的理念、方法与实践经验在不久的将来，能够像钱学森先生1996年就强调的那样，"像（我国）江苏省的张家港和外国的库里蒂巴的经验（那样），走出一条中国自己的城市建设道路。"

——原载《重庆建筑》2018年08期

建筑界的"钱学森之问"

——读周琦《回归建筑本源》

《回归建筑本源》一书为2018年1月上架，是我刚买到的三本小书之一（中国建筑工业出版社，2018年1月第一版）。如今，它已成为我喜欢带在手边随时翻看的小书。正如刘先觉先生在书的序言中所说，"此书虽小，意境犹新"。有着文章简短，言简意赅；涉及范围甚广，大到城市化，小到建筑遗产改造；从本质上解剖建筑实质；即重视古代建筑也重视近代建筑遗产的保护和利用等特点。

作者尤为关注从人和人文社会科学的角度看建筑，这个特点吸引着我。全书收入27篇文章，除了4篇原载于《建筑师》杂志，其余23篇均为作者近年来专为《建筑与文化》撰写的文章。在"唯钱是图"的风气下，能够如此关注建筑文化普及工作是非常难能可贵的。

如作者以"中外建筑师的此消彼长"为题提出了"周琦之问"（见该书第52-54页）。2012年写出的这篇约1500字的短文，开头几百字便连续提出了周先生考虑良久、语重心长的六个问题：

一问，直至目前，中外建筑师在劳动强度、设计质量，和艺术表现形式上，都有较大的距离，原因何在？

二问，在中国这个全世界最大的新建筑平台上，有多少中国建筑师真正参与原创设计，受到应有的尊重，并得到公平的待遇呢？

三问，中国建筑师群体应该如何认识自身的优势和缺失？

四问，外国建筑设计在中国还能走多远？

五问，何时中国自己培养的建筑设计师，能够有能力在最重要的国家级大型建筑中担当主角？

六问，如何改变这种情况，让中国建筑设计师在可见的未来走上舞台呢？

这六个问题也是在建筑界存在已久的问题，需要全社会通过深化改革开放才能逐步解决。回答此六问显然靠一篇短文是无法完成的。

作者深知提出问题并不比解决问题容易。于是，在指出下列现象的同时更提出了类似"钱学森之问"那样的问题：

作者举出1925年，吕彦直作为美国著名建筑师亨利·墨菲（Henry Killam Morphy）的助手，在南京中山陵设计中以钟形整体布局和中西结合的建筑风格打败了享有盛誉的老师，年仅30多岁主持设计了这个恢宏的陵墓建筑工程，不能不说是一项历史纪录。同时，20世纪30年代初仅有百人规模的第一代建筑群体，在当时的中国土壤中很快掌握了先进的设计方法和理念，设计出一大批经典建筑的现象。让读者思考，20世纪二三十年代为什么会出现这一现象？笔者认为，这意味着作者提出了第7个问题，即建筑界的"钱学森之问"。

为了回答如何改变这种情况的问题，文章最后600字概括地说：

第一，要进一步提高建筑教育的水平，培养学生在建筑技术和艺术方面的能力；

第二，要教育业界和领导者，中国建筑设计师在成长，应当给中国建筑师更多的实践机会；

第三，要有一致的产业政策，不能放任恶性循环，要公平尊重建筑师的劳动价值；

第四，要注意提高建筑行业高素质人才的人均产值。

可以肯定地说，这里提出和回答的问题都是值得社会关注并且亟待解决的问题。特别是中国即将实行"建筑师工程负责制"的形势，使回应建筑界的"钱学森之问"的行动更显迫切。

——原载《重庆建筑》2018年04期

附录：建筑设计节能格言

〔美〕罗伯特·坎伯

顾孟潮 译

1981年10月31日～11月3日，美国建筑师协会在丹佛主持召开了设计与节能会议，会议的质量和效果均被认为是很成功的。特别值得注意的是，与会者是来自世界各国的538位建筑师。会议就农村小屋和都市大厦等各类建筑的节能问题做了大会发言和小组讨论。大多数报告是引人入胜的。

罗伯特·坎伯把众多人的发言综合整理成五句格言：能源危机会使建筑师恢复失去的地位；能源危机是使人们从魔术师变成真正的建筑师的好机会；节能是建筑师手中改善整个设计的杠杆；节能设计不能囿于成见；主动的节能设计意味着地方化。

一、能源危机会使建筑师恢复失去的地位

这样说我有些犹疑，似乎对建筑师们很不礼貌。美国建筑师协会理事长兰迪·沃斯贝克（Randy Vosbeck）主持会议时，表现了惊人的谦虚，首先作了精彩的发言。沃斯贝克说，现在建筑师在建筑界不能产生多大真正有力的影响，而能源危机却能改变这种情况。

"回忆近代史，建筑师能受到重视的状况是空前的，"沃斯贝克表示："保险银行家、开发者和政府机关，都需要一种服务——只有我们建筑师才能提供的服务。""我们建筑师将处于能真正产生影响的空前突出的位置。节能的需要给建筑师和工程师一个难得的机会，借此机会可以向所有的潜在的雇主明确地证实，恰恰是建筑设计才能使施工过程达到节能的目的。"

显而易见，过去设计对施工就起着这样的作用，沃斯贝克只是把问题讲得生动一些，令人惊奇的是，几乎每个与会者都同意他的看法。

总的感觉，建筑师作为全社会都承认的职业地位正在逐渐丧失。我们观察到，

在处理许多问题时，建筑师们宁可搞得比实际需要更奢侈、更古怪或者更浪费，而如今能开始认真讨论节能问题，则必须感谢能源危机，它使人们将重新重视建筑师。我们之所以变成社会需要的一部分，将不是由于上帝的原因和将来的美景，而是由于建筑师固有的职业素养。社会需要建筑师正如同社会需要医生和律师一样。

二、能源危机是使人们从魔术师变成真正的建筑师的好机会

我并不认为是谁这么说过，其含义是，能源危机是个实际问题，迫切需要解决问题的人，而真正解决问题的人就是那些平凡的建筑师，那些平淡无奇的人，而不是那些抓住过渡空间，搞狂妄的设计或制造神秘理论的人。沃斯贝克讲到这个题目时说，主动的节能设计将会导致产生"一种崭新的设计语汇，这语汇绝不是不可思议或者很费解的"。

建筑协会成员理查德·斯泰因（Richard Stein）在一部近代建筑史杰作中持有与此相同的观点。斯泰因讲，第二次世界大战后，建筑师们放弃了用原始方法调节温度的建筑物，代之以靠机械工程师调温。由于建筑师脱离调温问题，不再关心设计的目的，专门设计无知的建筑立面。建筑立面竟然成为建筑师信笔涂鸦的一张白纸，起初他们是在立面上胡乱划格子，现在他们又在立面上编造历史。那么将来呢？斯泰因坚信自己的看法，建筑立面将再次成为"调节建筑气候和舒适的关键部位"。

"建筑师对于节能的反应不能是象征和怪诞。"斯泰因断言。他有一个警句：只有"火星人"才会犯无视能源危机的错误。

美国建筑师协会会员本·韦斯（Ben Veese）对AIA杂志有同样的批评，他针对最近AIA杂志上有关玻璃幕墙的争论说，玻璃幕墙只是建筑物围护结构的一种形式。和斯泰因一样，韦斯认为，这是不负责任地用绘画或者绘画纸把建筑物包起来的做法（实质上这也是有关建筑物外表采取何种形式的争论——原编者注）。韦斯抨击高层建筑上精致的玻璃幕墙，认为那只是作为设计人的建筑师为了出风头达到利己目的的实例，称其为"利己主义对建筑的污染"，他还引用莱昂·格罗比斯的警句："一切高层都是罪恶和不道德的。"他攻击把建筑当作样式设计，韦斯当场朗读小城市报纸上的一条报道狂欢的新闻，报上引了设计该城最新摩天楼建筑师的一段话：楼上有许多威严的玻璃，今天很好看，我希望该楼能成为最显眼的建筑物，并且能保持个8～10年。

这次会议原本安排了持反对韦斯和斯泰因观点的人发言。但是众所周知，那几位杰出的设计师和历史学家的兴趣在形式和学术，而不关心节能问题，虽在被邀请之列可谁也没有出席。

三、节能是建筑师手中改善整个设计的杠杆

这一条虽然不向其他几条那样明确，但是它确实是许多人发言中一个重要内容。他们认为，一个建筑师善于研究处理节能问题并且说服雇主把建筑物的围护结构搞得更好，将使雇主受益。关键在于建筑设计构思时要有节能意识，把外表搞得很朴实，尽量节约能源。

当来自美国加利福尼亚州贝克力的萨姆·戴维斯（Sam Davis）介绍他设计的八家公司办公楼时指出，在这一点上他发展了典型的加利福尼亚节能建筑。戴维斯等人认为，建筑物的节能特点应当是，不仅有更好的节能效果，同时要更适合人。这类特点包括：设天窗、建筑物长向外墙上的窗户能有自然光，透过室内多层中庭的自然光；开有自然通风的窗户；正面设尺度宜人的遮阳装置，如雨棚；绿化种植和水面等。

戴维斯还分析了一些有类似特点的问题。如开窗问题，在一幢加利福尼亚建筑物上做暗房间，其理由是开什么样的窗户适合，取决于干燥草原发热量大和一些社会问题。

哈瑞森·弗兰克（Harrison Franker）拿出一个探索性的办公楼实例，讲到能源杠杆的设计。他主张建筑物设"玻璃中庭"以便大大减少照明的能耗，而且形成建筑物中心，给人是住人场所的感觉。他说，这样做虽然增加了一点开支，但很快就会由房租收回来。

弗兰克把这种东西称之为"在节能简图上分析的潜能"。他还把这种"潜能"（如蓬皮杜文化中心建筑物内的机械系统）与"损失的功率"进行了比较。

弗兰克说，所谓真正的能量守恒是不可能的。经过时间的考验就能体会到这一点。无论如何，把建筑物能耗设计好仅靠直接经验不行。他认为，这一领域之所以发展缓慢，原因就在于，建筑师有天生的视觉而没有天生的节能经验。

显然，雇主们对节能也没有经验，他们判断设计的优劣，全凭在赞成者和反对者的意见中进行选择。双方都在诉苦讲述说服雇主如何艰难。因为，主动节能设计是颇为麻烦的事，尤其是需要增加设计费和其他开支时更是如此（有些人主张这种钱该花，有的雇主则强调不需要花）。来自圣弗兰西斯科的美国建筑师协会会员罗伯特·马克斯，他是个很熟悉雇主的人，他建议建筑师最好请一个能源顾问很有益处，不仅有助于确定效率高的建筑物形式，并且能把"节能数据调整到规定值"。

四、节能设计不能囿于成见

这句格言的意思是，节能效果的取得不能依靠牺牲其他方面的设计成果。它提醒我们要谦虚，当今建筑师只靠他们熟悉的建筑物是解决不了世界能源问题的。在确定任何是能源更有些地被守恒利用方面，有许多比建筑艺术更加重要的其他因素。建筑师不应当再长期被自己的世界蒙住双眼，而应当承认这些因素的存在，并学会运用它们。

例如，能量储存就是这类因素之一。罗伯特·马克斯，评论美国建筑师协会会员查塔努加的新田纳西州瓦利城的奥扎提大厦时说，在这幢大厦建筑师与构造工程师查理斯·劳伦斯的合作启示我们，完全有可能节约更多的能量。在这个建筑物上建筑师就决定储存一部分能量，而不把能量全部耗光，将一部分能量储存到附近丹佛的太阳能存储器中。理查德·斯泰因也有类似想法。他说，建一平方英尺办公室的开支高达上百万，超过半个热量单位的能量。他指出，这些能量比一平方英尺建筑物一年消耗的能量还多，所以要储存。

密度也是一个节能因素。斯泰因援引了其公司对纽约州所有建筑物耗能情况的研究成果：建筑密度越大效率越高，纽约城区建筑物的效率比郊区高17%。

运输是一种非建筑耗能因素。斯泰因解释说，如果把运输耗能列入他的研究，纽约市的效率情况必定会更高一些。萨拉·哈克尼斯也强调在他的美国电视大楼中运输的节能作用，因为是在一个城市里，不会因为停车和穿梭式服务耗能，可以节约很多能量。

建筑设计只能解决局部节能问题，这是以斯凯德莫（Skidmore）的美国建筑师协会会员乔治·克兰多里为首的集体研究的结论。波特兰今后的所有新建筑如果都是理想的高效节能建筑，其全部工程耗能总额在未来20年将只占4%。

不仅不能把建筑设计与其他方面的节能割裂开来，也不能把节能设计与其他方面的设计割裂开来。许多人发言谈到，有必要把节能设计和传统的设计结合起来，必须考虑城市型式、功能、交通、规模、舒适度、文化意义等各方面。罗伯特·马克斯不厌其烦地在会上说明，他要求，无论如何要尽早提高建筑师重视节能设计的觉悟，至少不要再拖下去。

"这是一个令人振奋的时代，社会将迫使建筑师重视节能问题，共同做出有效的贡献。"马克斯说道，并且强调，他所说的"巨大压力"将立刻冲击建筑师们，使建筑师陷入生活方式在变化、人口数量激增以及农田丧失等重重矛盾之中，只要我们不是"火星人"，就将面临另一个打击："社会再也不能允许目前建筑师存在的自由放任状态继续下去了。"

五、主动的节能设计意味着地方化

来自新墨西哥州阿尔伯克基的美国建筑师协会会员艾德华·马兹瑞（Edwerde Muzriu）对此作了相当清晰的说明。他开始先放了一组有关米萨·沃德（Mesa Verde）的幻灯片，并对其热工质量进行了分析，这些建筑物朝南布置，修建在遮阴大的悬崖下周边而且是断续形。随后，他放了他自己有类似特点的作品。

斯泰因重复这一论点，把它归纳为：主动节能设计首先取决于地点，与此设计必须走地方化的路子，认识到这一点对任何人都是有益的。至今尚无人耐心而且公正地指出，激进的现代派（如休斯敦的玻璃盒子）和激进的后现代派（如康奈尔的吉里奥·罗马诺大厦）总体上的矛盾是相同的。

这是否意味着，强调节能的结果必然导致城市新的地方化呢？会上介绍的一些建筑物恰恰像是正在各地崛起的地方方言。以加利福尼亚南部和华盛顿哥伦比亚区为例：南部的建筑物的共同特点是，体现一个主导思想尽量加大周边长度，以便有利于散热和增加自然采光；在气候较寒冷的北方的一些建筑物的做法，则是体现另一种主导思想尽量缩短周边长度，用一个内庭院（Interior atrium）取得均衡，保证人能接近阳光。

几乎是只有一个设计者采取了非地方化的方法，如米开尔·赞特真（Michel Jantzen）最像是本身节能的火星人。他设计的南方寓所和小工作间外表像筒仓，各部分用定型产品、定型材料装配而成。这种主动节能在于尽量减少材料用量和基底面积，是仿照巴克敏斯特·富勒（Buckmister Fuller）手法。这样做的结果，往往看上去感到很机智，但是上下之间没有任何相互联系（这一点也像富勒）。赞特真的设计看起来很新鲜生动，但纯属个人癖好不是借鉴。

这次会议的根本目的在于，鼓励建筑师都来搞主动节能设计，早日脱离空想状态，做一些更冷静、更经得起考验、更完整的研究。

（译自 AIA Journal1982年1期）

——原载《重庆建筑》2011年08期

跋：探索建筑哲学真谛的足迹

《建筑哲学概论》几百页的书稿，是我几十年学习建筑哲学的读书笔记，也是我在不同时期思考建筑哲学问题的答卷，这个答卷将最后送到读者您的手中，接受您的审阅和打分。

通过这一书稿的写作，我回顾了探索建筑哲学之路。

德国哲学家黑格尔说过，他不愿意只是有一个塞满东西的头脑，而希望有一个能想通问题的头脑。

艾思奇的《大众哲学》、车尔尼雪夫斯基的《为什么》以及介绍中国古代哲学家先秦诸子百家思想的著作等，使我在中学时代接受了建筑哲学的启蒙教育。

黑格尔的话解放了我的头脑，令我重新解读自己的知识结构和记忆对象。促使我遇到问题努力重新思考，从正面、反面，从宏观、微观的不同角度去思考。对于别人的结论愿意"接着说"和"想着说"而不愿意"照着说"，不愿意"人云亦云"。这使我对有丰富思想内容的艰深的哲学理论著作产生了浓厚的兴趣。这促使我读了很多书，思考不少问题，在比较之中疏通着我的头脑。

20世纪50～60年代，我在上大学建筑系时开始系统地阅读了一些哲学、美学、建筑学的理论著作。如读苏联专家讲的《辩证唯物主义和历史唯物主义的若干问题》一书，就开始接触"研究对象""范畴""矛盾""实践"等纯正的哲学术语；读普列汉诺夫的《艺术论——没有留下地址的通信集》，对唯物主义和唯心主义加深了认识；读《矛盾论》和《实践论》，深深体会到"只有理解了的东西才能更好地感觉它"的思想。

1961年，我着手翻译苏联建筑科学院编的《建筑构图概论》（俄文版），一边翻译一边给同学讲解，使我对建筑构图理论中的研究对象、范畴，如空间体量组合、构造学等这些建筑学术语的丰富内涵和建筑艺术手法——对称与不对称、对比与微差、韵律与节奏、模数、比例、尺度等有了深一步的理解，尝到了学习理论的甜头，更加深了我对建筑理论的兴趣。这大概就是我探索建筑哲学奥秘的开端。

经历了漫长的中学、大学时代，一直到工作后多年，我并未意识到我已经踏上探索建筑哲学之路，直到20世纪90年代才体会到这一点，也才知道《建筑构图概论》一书在我探索建筑哲学道路上的重要意义。

《建筑构图概论》出版半个世纪以来，证明它是一部由建筑科学专家们集体完成的经典著作，它集空间建筑学观念、理论和技巧手法和建筑科学基础理论之大成。它把综合性的建筑构图理论阐述和具体的可操作性构图技巧两者较好地结合起来。该书兼有美国哈木林《20世纪建筑形式与功能》（Form and Functions of Twentieth Architecture）和意大利布鲁诺·赛维的《建筑空间论》（Architecture as Space）两部名著的优点（详见台湾田园文化事业有限公司出版《建筑构图概论》序言）。

改革开放使大量介绍国外建筑理论、美学、建筑流振的书籍、期刊以影印版进来，吸引我常常节假日泡在外文书店选购有用的资料，或者借阅国立北京图书馆（今国家图书馆）的原版书，复印有关章节甚至全书，这使得我的建筑观念又上了一个新台阶。我开始加强对环境建筑学、生态建筑学、城市生态学、环境艺术和环境设计理论与实践的研究，减轻对有关建筑形式美、建筑流派的关注程度。

20世纪80～90年代，我陆续完成了一批主要论文，如《从香山饭店探讨贝聿铭的设计思想》（1982年）、《系统理论与建筑设计创新》（1985年）、《学习信息海洋中的游泳术》（1986年）、《建筑风格无定格议》（1986年）、《建筑学观念的变迁》（1986年）、《未来的世纪是生态建筑学时代》（1987年）、《当代环境艺术观念与建筑创作构思》（1987年）、《关于城镇规划与建设优化的思考》（1994年）。

这一时期完成的学术专著有：《建筑构图概论》（1983年）、《世界建筑艺术史》（1988年）、《建筑·社会·文化》（1991年）、《当代建筑文化与美学》（1989年）、《中国建筑评析与展望》（1989年）、《现代住宅的科学与艺术》（1989年）、《建筑师学术、职业、信息手册》（1992年）、《奔向21世纪的中国城市——城市科学纵横谈》（1992年）、《世界建设科技发展水平与趋势——城市·建筑·园林·高新技术》（1995年）、《20世纪的中国建筑》（1999年）、《城市学与山水城市》（1994年）、《山水城市与建筑科学》（1996年）、《宏观建筑与微观建筑》（2001年）和《钱学森建筑科学思想探微》（2009年）、《钱学森论建筑科学》（2010年）。

在这些论文和著作中我都力图将新学习到的系统论、信息论、控制论、生态论这些新观念、新理论、新方法运用到建筑理论、设计、评论的实践中去。力图从这些理论和思想的高度研究探讨有关问题，加之后来开设建筑哲学课的需要，撰写专门的建筑哲学论文……逐渐在头脑中才形成了比较明确的建筑哲学观念。

建筑哲学观念上的转变是建筑行业和学术起飞的起点和归宿。

当我校阅《建筑哲学概论》一书时，不无遗憾地发现，拙著中多次提到的如中国建筑艺术危机（114页），纪念性建筑设计的误区（178页）、城市特色的危机（185页）等不少问题至今依然存在。这在最近的"中国十大丑陋建筑"的评选过程中暴露无遗。国内的丑陋建筑竟然数量如此之多、规模如此之大，让我们不能不震惊和醒悟——新中国已经建立60多年的今天，现在正进入第十二个五年计划的历史新阶段，我们太需要哲学层次的思考了！希望本书对此能有所裨益。

探寻建筑哲学真谛之路是没有止境的，我寄希望于今后有更多的同好出现。

——原载《建筑哲学概论》中国建筑工业出版社2011年版

总跋：不断地书写与直言

法国著名思想家米歇尔·福柯对自我书写有过一段评论，他认为，"关注自我的落点，是在一个人的灵魂，而非其他。而灵魂，往往是经书写（书信/笔记）来袒露——不论是对自己，对别人，还是对导师，还是对上帝"，而且，"书写也是滋养和修补灵魂的途径，是能把外部养分内化的过程/技术，也因此能够把真理注入个体的灵魂。因此，'关注自我'、'书写'与'直言'乃是密切相关的行为/行动"。

拙著"建筑沉思录丛书"是我从事建筑文化工作几十年历史足迹的剪影，书中的文字、图片则是我参与中国建筑界的一些事件、人物、思想等理论文化动态的实录，是我对建筑文化工作从心所欲有感而发所写的。

毕竟已是近耄耋之年的人，感谢建筑的海洋给了我充实的人生。

我也认识到，如今仅仅靠大量的阅读（特别是如今那种碎片式的阅读）是不可能把真理变成自己灵魂的一部分的，有时会让别人的言说牵着鼻子陷入一个又一个泥沼。本人半个多世纪的职业人生便是这样跌跌撞撞地走过来的，曾经后悔过，但是那又有什么用？于是我转向依靠不断的书写和直言与同道们交流和共勉。

顾孟潮

2016年4月16日草　于北京